DAS
WELTFERNSPRECHEN

VORTRAGSREIHE DES ELEKTROTECHNISCHEN VEREINS
IN GEMEINSCHAFT MIT DEM AUSSENINSTITUT DER TECH-
NISCHEN HOCHSCHULE, BERLIN

VORTRAGENDE:

MINISTERIALRAT Dr. WITTIBER
DIREKTOR Dr.-Ing. e. h. Dr. phil. h. c. LÜSCHEN
POSTRAT GLADENBECK
Dr. H. F. MAYER
DIREKTOR LANGER
MINISTERIALDIREKTOR HOEPFNER

HERAUSGEBER: Dr.-Ing. LUBBERGER

MIT 61 ABBILDUNGEN

MÜNCHEN UND BERLIN 1934
VERLAG VON R. OLDENBOURG

Druck von R. Oldenbourg, München und Berlin.

Vorwort.

Das Weltfernsprechwesen ist ein elektroakustisches Nachrichtensystem zur Übertragung von Nachrichten von einer Stelle zu einem
Empfänger auf dem festen Lande, in der Luft, auf dem Schiffe oder
in dem fahrenden Eisenbahnzug irgendwo auf der Erde. Solche Verbindungen erstrecken sich über die Machtbereiche sehr vieler Staaten
und Verwaltungen. Wenn dieses Ziel erreicht werden soll, muß jede
Sprechstelle mit jeder anderen Sprechstelle der Erde sich bequem und
für erträgliche Gebühren unterhalten können. Das Weltfernsprechen
unterscheidet sich vom Rundfunk durch den privaten Charakter und
die Geheimhaltung jedes Gespräches, die auch bei der drahtlosen Übertragung wünschenswert ist. Es ist eine Weiterentwicklung des Fernverkehrs innerhalb der einzelnen Länder. Die großen Entfernungen
und die Zahl der beteiligten Verwaltungen stellen nun an Technik,
Betrieb, Organisation, Finanz- und Tarifpolitik wesentlich schärfere
Forderungen als die kleineren Entfernungen innerhalb eines einzelnen
Landes. Auch ist es wirtschaftlich nötig, die teuren Leitungen möglichst
vielseitig auszunutzen. Deshalb belegt man die Leitung nicht nur mit
Ferngesprächen, sondern auch mit Telegrammen, Bildtelegraphie und
Verbindungen zwischen Rundfunksendern.

Das Außeninstitut der Technischen Hochschule Berlin und der
Elektrotechnische Verein haben nun Ende 1933 eine Vortragsreihe
halten lassen, die alle wesentlichen Besonderheiten des Weltfernsprechens
umfaßte. Es sprachen die Herren:

1. Ministerialrat Dr. Wittiber, Geschichte und wirtschaftliche Bedeutung des Weltfernsprechens: Technik, Betrieb, Organisation, Finanz- und Tarifpolitik.

2. Direktor Dr.-Ing. e. h. Dr. phil. h. c. Lüschen, Einige Vor-
   führungen aus der Physik der elektrischen Nachrich-
   tenübermittlung: Die Natur der elektr. Nachricht. Die Verzerrungen der elektr. Nachricht bei der Übertragung. Die Grund-
   züge der Mehrfach-Nachrichtensysteme.

3. Postrat Gladenbeck, Organisation und Bedeutung der
   Arbeiten der internationalen beratenden Ausschüsse:
   für den Fernsprech- (CCIF), Telegraphen- (CCIT) und Funkbetrieb
   (CCIR).

4. Dr. H. F. Mayer, Die Leitungstechnik des Weltfern-
sprechnetzes: Die Grundlagen der Netzplanung. Technische
Gestaltung des Fernleitungsnetzes.

5. Direktor M. Langer, Die Technik des Fernbetriebes:
Herstellung und Überwachung der Verbindungen, voll- und halb-
selbsttätiger und Handbetrieb, zweckmäßige Netzgestaltung für
diese Betriebe.

6. Ministerialdirektor Höpfner, Das drahtlose Fernsprechen
im Weltverkehr: Aufbau einer drahtlosen Verbindung, Einglie-
derung in das allgemeine Fernsprechwesen, Verbreitung des drahtlosen Fernsprechens.

Es wird verlagstechnisch zu teuer, alle Vorträge im Wortlaut zu
drucken. Die einzelnen Vortragenden haben dem Herausgeber gestattet,
die Ausführungen zu kürzen und gleichartige Gedankengänge zusammen-
zufassen. Der Vortrag über die drahtlose Technik von Min.-Direktor
Höpfner und der Teil über Wirtschaftlichkeit von Min.-Rat Dr. Wittiber
sind hier im Wortlaut aufgenommen.

Der Herausgeber hat zu den geschichtlichen Daten noch einige
Zahlen aus Feyerabend »50 Jahre Fernsprecher in Deutschland« und
aus »Things worth knowing about the Telephone«, einer Druckschrift
der American Telephone and Telegraph Company, eingefügt.

Der Verlag der Zeitschrift »Europäischer Fernsprechdienst« hat
freundlicherweise die Abb. 26, 57 und 58 zum Abdruck überlassen.

Berlin, Juni 1934.   Der Herausgeber:
                                                        Lubberger.

Inhaltsangabe.

I. Die Technik des Weltfernsprechens.

1. Die Technik der Übertragung.

Töne sind ein Gemisch von sehr vielen Frequenzen, und es stecken nur sehr kleine Energiemengen darin. Die mittlere akustische Sprachleistung des Mundes bei normaler Unterhaltung beträgt $10\,\mu\mathrm{W}\ (=10^{-5}\,\mathrm{W})$. Bei lautem Schreien ist die Sprachleistung etwa $1000\,\mu\mathrm{W}$, beim Flüstern $0,001\,\mu\mathrm{W}$. Die Sprachleistung von einer Million Menschen würde gerade ausreichen für eine 10-W-Lampe. Für das Kochenlassen des Wassers

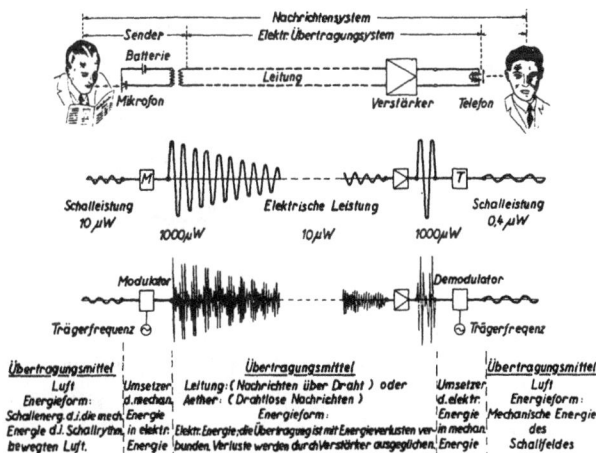

Abb. 1. Elektroakustisches Fernmeldesystem.

für eine Tasse Tee müßte ein gewöhnlicher Sprecher 300 Jahre lang ununterbrochen sprechen oder 3 Jahre lang laut schreien. Die mittlere akustische Leistung eines hundertfach besetzten Orchesters entspricht etwa der Leistung von 100 laut schreienden Menschen. Spitzen bei der Sprache können den hundertfachen, bei Musik den tausendfachen Wert der mittleren Leistung erreichen. In Abb. 1 ist ein elektroakustisches Nachrichtensystem schematisch dargestellt. Die von den schwingenden Stimmbändern eines Sprechers oder von den Schwingungen einer Saite abgestrahlte Energie, verstärkt durch die Resonanz der Mundhöhle oder des Körpers der Violine, pflanzt sich in der Luft mit einer Geschwindigkeit von 330 m/s fort. Im Mikrophon werden die mechanischen Schwingungen in elektrische Schwingungen umgewandelt. Das Mikrophon verstärkt die Sprachenergie auf das 100 fache. Die elektrische Energie fließt über Leitungen und wird durch die Eigenschaften der Leitungen geschwächt. Im Fernhörer wird nur der 2500. Teil der dort eintreffenden Energie wieder an die Luft abgestrahlt. Da das Mikrophon im Verhältnis 1 : 100 verstärkt, strahlt der Fernhörer $1/25$ der dem Mikrophon zugeführten Schaltenergie wieder an die Luft ab. Wenn man den Hörer unmittelbar an das Ohr hält, ist der Eindruck der gleiche wie beim unmittelbaren Hören im Abstand von $1/2$ m vom Sprecher.

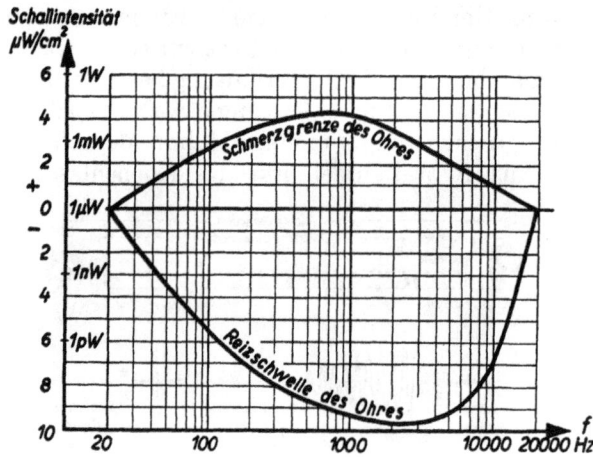

Abb. 2. Hörfläche.

Bei den Fernsprechkabeln ist die Energie über 100 km Leitung schon auf den 100. Teil gesunken. Um am Ende einer 1000 km langen Leitung noch 0,001 W zu erhalten, müßte man am Anfang 10^{14} kW aufdrücken. Sämtliche Kraftwerke der Stadt Berlin leisten 10^6 kW. Diese Leistung würde nur für eine 600 km lange Leitung ausreichen.

Das Ohr ist für Töne verschiedener Höhe sehr ungleich empfindlich. Der Bereich, in dem das Ohr reine Töne empfindet, wird Hörfläche genannt (s. Abb. 2). Auf der Seite der leisen Töne wird sie durch die Reizschwelle, auf der Seite der lauten Töne durch die Schmerzgrenze umschrieben.

Die Ordinate zeigt die Schallintensität in Mikrowatt je Quadratzentimeter, und zwar bedeutet

1   W   1 Watt pro Quadratzentimeter
1 mW   1 Milliwatt $= 10^{-3}$ Watt
1 μW   1 Mikrowatt $= 10^{-6}$ »
1 nW   1 Nanawatt $= 10^{-9}$ »
1 pW   1 Pikowatt $= 10^{-12}$ »

Ein Ton von 1000 Hz ist schon bei einer Energie von 10^{-15} W hörbar; Töne von 200 oder 10000 Hz müssen mindestens 10^{-14} W, Töne von 40 Hz müssen 10^{-9} W enthalten, um hörbar zu sein. Töne unter 20 und über 20000 Hz werden nicht mehr gehört. Töne über der Schmerzgrenze werden nicht als Töne, sondern nur als Schmerz empfunden. Der Hörbereich der Töne mit 1000 Hz reicht von 10^{-15} bis 10^{-2} W, also über 13 Zehnerpotenzen.

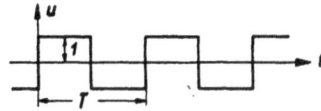

Alle Geräusche setzen sich aus reinen Tönen zusammen. Die rechtwinklige Stromform eines Knackgeräusches, Öffnen und Schließen eines Stromes (Abb. 3), zerfällt in eine große Reihe von reinen Tönen, für die man eine Gleichung anschreiben kann. Nach Abb. 4 hat eine Sopranstimme Grundfrequenzen von 250

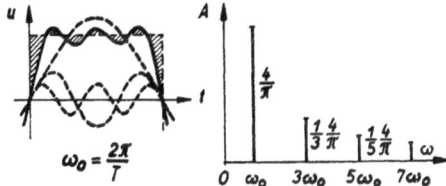

$$u = \frac{4}{\pi}\left[\sin\omega_0 t + \frac{1}{3}\sin 3\omega_0 t + \frac{1}{5}\sin 5\omega_0 t + \ldots\right]$$

$$\omega_0 = \frac{2\pi}{T}$$

Abb. 3. Knackgeräusch.

bis 1000 Hz, eine Baßstimme von 75 bis 300 Hz; dazu kommen die Obertöne bis ungefähr 9000 Hz. Vollwertige Musik umfaßt 30 bis 16000 Hz. Die Abb. 4 zeigt die Bereiche einer Anzahl von Instrumenten.

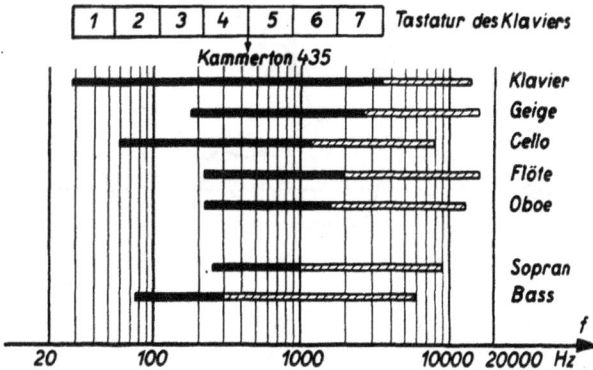

Abb. 4. Frequenzbereiche.

Die Luft verschluckt die hohen und tiefen Frequenzen sehr stark. Die Sprache 1 bis 2 cm vom Munde hat eine Intensität von 10 Zehnerpotenzen über die Reizschwelle und alle Frequenzen werden wahrgenommen. In 1 m Abstand reicht das Frequenzband nur noch von 100 bis 8000 Hz und in einem Abstand von 100 m nur noch von 400 bis 1800 Hz.

Die Abb. 5 zeigt eine merkwürdige Eigenschaft des Ohres. Eine Grundwelle und die dreifache Welle ergeben zusammen sehr verschiedene Kurven je nach Lage der beiden Wellen zueinander. Sie sehen sich sehr wenig ähnlich. Das Ohr aber zerlegt diese Kurvenformen und gibt bei allen Formen den gleichen Eindruck. Das Ohr hat für die Phasenlage keine Empfindung. Die merkwürdige Eigenschaft des Ohres erleichtert die theoretische Behandlung der Übertragungstechnik. Man kümmert sich nicht um die vielen verschiedenartig aussehenden Kurven, sondern verfolgt nur das Schicksal der einzelnen Frequenzen bei ihrem Lauf über die Leitungen. Allerdings müssen die verschiedenen Frequenzen

$$\sin \omega t + \frac{1}{3} \sin \left(3\omega t + \varphi\right)$$

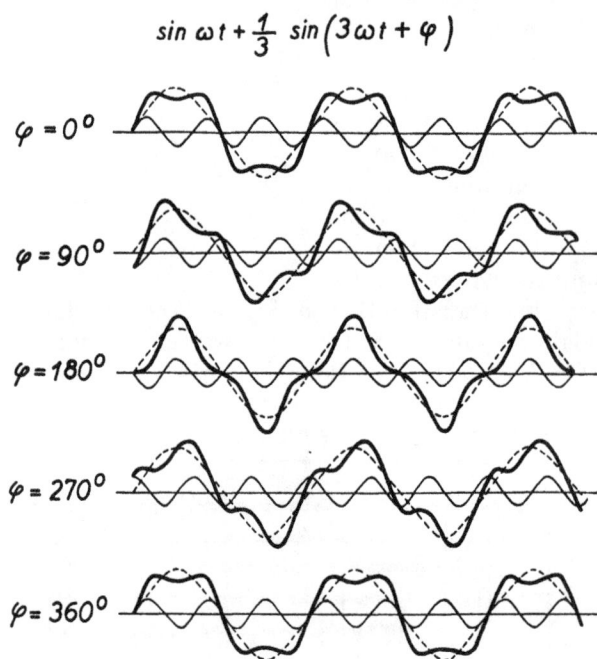

Abb. 5. Klanganalyse des Ohres.

gleichzeitig vom Ohr vernommen werden. Wenn die eine Frequenz erst eintrifft, nachdem eine andere schon verklungen ist, kann das Ohr sie selbstverständlich nicht mehr zusammen wahrnehmen.

Die wichtigsten Größen bei der Übertragung sind der Wirkungsgrad und die Übertragungszeit. Ist der Wirkungsgrad für alle Frequenzen gleich groß und treffen alle Frequenzen gleichzeitig ein, so spricht man von einem verzerrungsfreien Übertragungssystem. Für die Sprache verlangt man nun Verständlichkeit und für die Musik getreue Klangfarbe. Die Verständlichkeit hängt von der Lautstärke und dem übertragenen Frequenzband ab. Die Verständlichkeit hängt sehr stark von der übertragenen Bandbreite ab. Zur Messung spricht man eine Reihe an sich bedeutungsloser Silben in den Sender und der Prüfer am Empfangsende schreibt auf, was er versteht. Der Vomhundertsatz der richtig verstandenen Silben ist das Maß der Silbenverständlichkeit. Die in der Abb. 6 links oben beginnende Schaulinie zeigt die Silbenverständlichkeit beim Abschneiden der tiefen Frequenzen. Das Fehlen der Frequenzen unterhalb 300 Hz vermindert die Silbenverständlichkeit nur um 3%. Gemäß der in Abb. 6 links unten beginnenden Schaulinie darf man die Frequenzen überhalb 2400 Hz nicht unterdrücken, wenn die Silbenverständlichkeit mindestens 75% bleiben soll. Die Bandbreite für handelsübliche Gespräche muß deshalb mindestens 300 bis 2400 Hz sein. Man

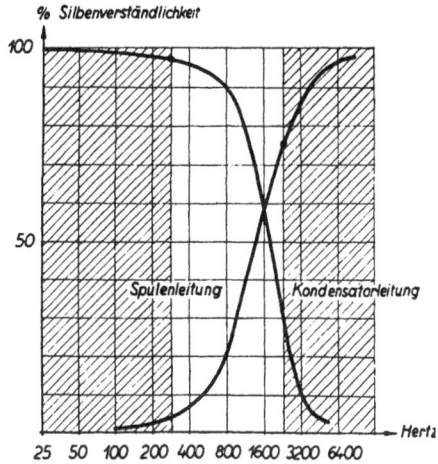

Abb. 6. Silbenverständlichkeit.

hat sich allerdings auf 300 bis 2700 Hz geeinigt. Musik ist viel anspruchsvoller, sie verlangt eine Bandbreite von 50 bis mindestens 6400 Hz, das sind 7 Oktaven.

Die Lautstärke wird durch die Dämpfung bestimmt, die ihrerseits von den vier elektrischen Grundgrößen der Leiter abhängig ist: R Ohmscher Widerstand, gemessen in Ohm; L Induktivität, gemessen in Henry; C Kapazität, gemessen in Farad und die Ableitung, das ist ein Nebenschluß, gemessen in Mho oder Siemens. R verursacht einen Leitungsverlust durch Erwärmung der Leiter, der nur durch Zuführung neuer Energie (Verstärker) bekämpft werden kann. Die Wirkung von Kapazität und Induktivität kann man bekämpfen, wenn man Resonanzkreise schafft. Da die natürliche Kapazität der Kabelleitungen hoch ist und da die natürliche Induktivität der Kabelleitungen zur Herstellung von Resonanzen nicht ausreicht, schaltet man künstliche Impedanzen ein. Die punktweise künstliche Belastung wird

Abb. 7. Entwicklung der Pupinspulen.

durch Spulen gebildet, die nach dem Erfinder Pupinspulen genannt werden. Diese Spulen sind seit dem Jahre ihrer Erfindung (1900) wesentlich verbessert worden und haben heute nur noch $1/_{20}$ des ursprünglichen Inhaltes (s. Abb. 7). Oder man bewickelt die ganze Länge der Drähte mit dünnem Eisendraht nach Krarup. Die vier heute gebräuchlichen Bespulungen sind in Abb. 8 aufgeführt. Je stärker die Belastung ist, desto

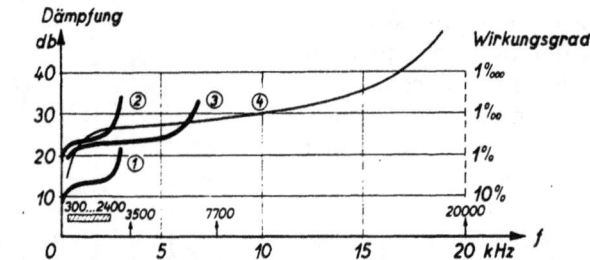

Nr.	Betriebs-art.	Leiter-stärke mm	Belastung	Spulen-abstand km	Spulen-induktivität mH	Verstärker-abstand km	Grenz-frequenz Hz	Übertragungs-geschwindigk. km/sec	Reichweite (1/s sec) km
1	Zweidraht	1,4	mittel	1,7	140	140	3500	14000	—
2	Vierdraht	0,9	mittel	1,7	140	140	3500	14000	3500
3	Vierdraht	0,9	leicht	1,7	30	70	7700	35000	8750
4	Vierdraht	1,4	sehr leicht	1,7	3,2	70 ·	20000	105000	26250

Abb. 8. Dämpfung bei verschiedener Bespulung.

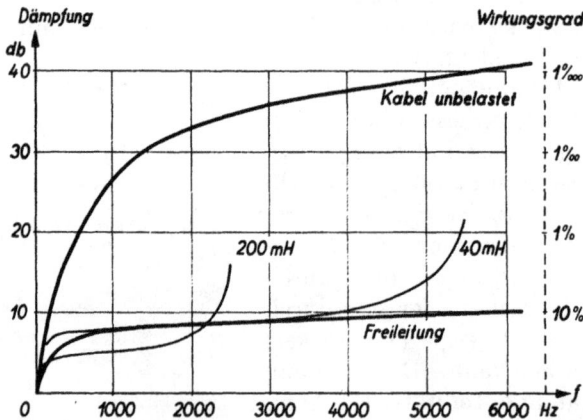

Abb. 9. Dämpfungen von 2-mm-Leitungen für 100 km.

schmaler ist das übertragene Frequenzband. Das Zusammenwirken von Kapazität und Induktivität unterdrückt beim »Grenzwert« die Übertragung der noch höheren Frequenzen. Abb. 9 ist die Dämpfung einer 2-mm-Leitung von 100 km Länge. Die Wirkung der elektrischen Eigenschaften wird durch die Dämpfungszahl angegeben. Man verwendet als Einheit das Bel und das Neper, und zwar ist 1 Neper = 10 Dezineper (dn) $= 0,87$ Bel $= 8,7$ Dezibel (db). Der Gebrauch von zwei verschiedenen Einheiten (Neper und Bel) erklärt sich aus der Entstehung dieser Meßeinheiten in verschiedenen Ländern.

Freileitungen haben dicke Drähte, weniger Kapazität und hohe Induktivitäten, verglichen mit Kabelleitungen. Leitungen mit einem Durchmesser über 5 mm sind aber unwirtschaftlich und nach Abb. 10 kann man ohne Bespulung bis zu 750 km Länge bei einem Drahtabstand

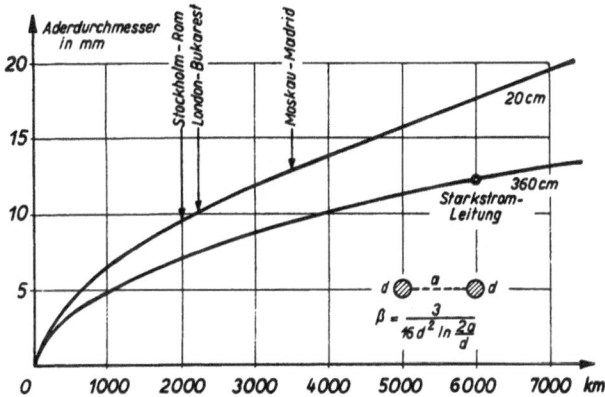

Abb. 10. Reichweite von Freileitungen.

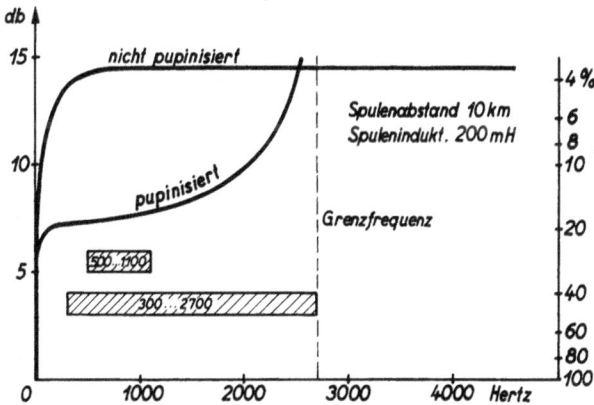

Abb. 11. Dämpfung einer bespulten 5-mm-Freileitung 1000 km.

von 20 cm sprechen. Starkstromkabel mit 12 mm starken Leitern und 360 cm Abstand würden Fernsprechverbindungen bis zu 6000 km ergeben. Pupinspulen in einer Freileitung mit 5-mm-Drähten, 1000 km Länge, mit Spulen alle 10 km, ergeben einen Dämpfungsverlauf nach Abb. 11. Mit einer solchen Leitung könnte man auch 1500 km überbrücken. Die in einem Sprechkreis entstehenden Kraftlinien schneiden die anderen Leitungen des gleichen Gestänges. Man bekämpft dieses schädliche Nebensprechen durch Kreuzungen nach Abb. 12. Man wechselt die Lage der Adern auf dem Gestänge, so daß im Verlauf einer langen Leitung die *a*- und *b*-Adern der verschiedenen Leitungen abwech-

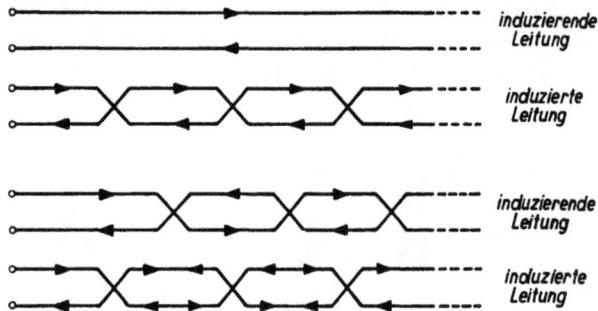

Abb. 12. Kreuzungen.

selnd nahe und entfernt voneinander liegen. Auch die Leiterpaare in Kabeln würden aufeinander nebensprechen. Man verdrallt die nebeneinander liegenden Paare mit verschiedenem Schlag. Gewöhnlich werden

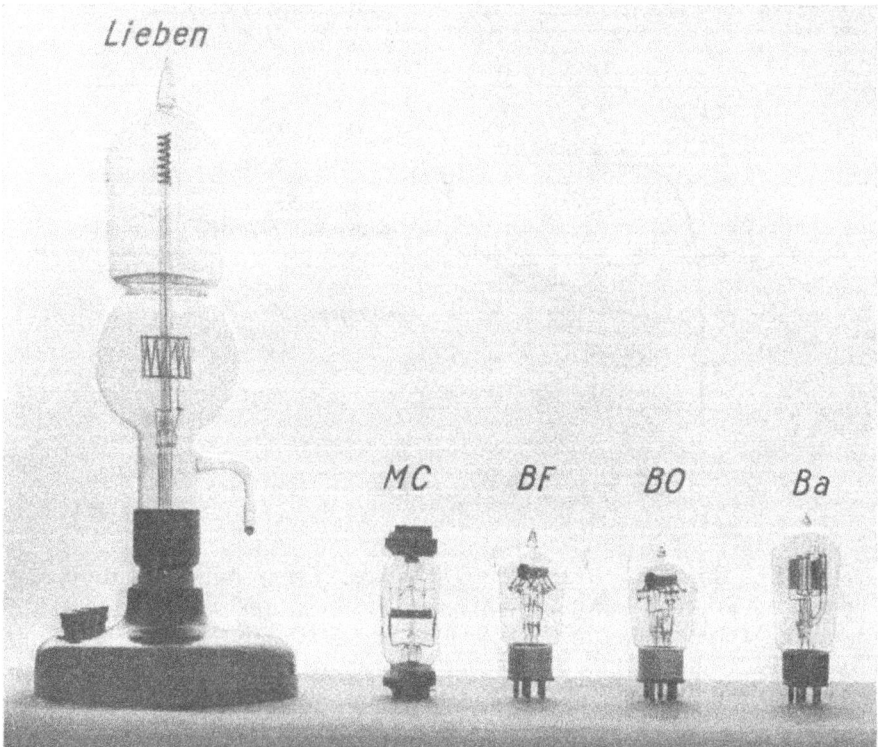

Abb. 13. Verstärkerröhren.

zwei solcher Doppelleitungen noch einmal miteinander verseilt und bilden so ein Viererseil.

Mit einer Phantomschaltung kann man auf zwei Doppelleitungen noch ein drittes Gespräch legen. Man nennt diese Anordnung eine Viererbildung. Ferner kann man die Mitten der Phantomspulen zweier Viererkreise des gleichen Gestänges noch einmal anzapfen und so auf 4 Doppelleitungen 7 Gespräche führen.

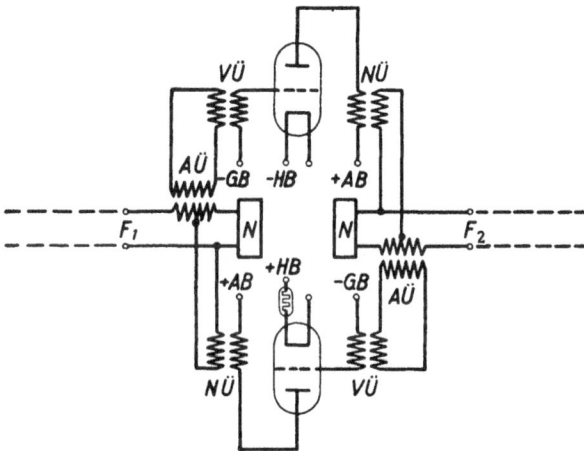

Abb. 14. Zweidrahtschaltung.

Das erste große Fernkabel in Europa ist das Rheinlandkabel, dessen Auslegung 1912 begann. Es hatte 52 Doppelleitungen, davon hatten 24 Paare 3 mm Durchmesser, die anderen 2 mm. Die 3-mm-Adern hatten Spulen (2 km Abstand) und reichten für 800 km. Das Kabel war bei Kriegsbeginn von Berlin bis Hannover fertig verlegt. Die Fortsetzung folgte erst von 1920 ab.

Während des Krieges wurde die Verstärkerröhre entwickelt. Die Abb. 13 zeigt die Entwicklung der Verstärkerröhre von (links) Liebenrohr (1906) bis zu den modernen Formen (rechts). Die erste verstärkte Leitung ist die Freileitung New York—San Francisco, 5500 km, die 1915 mit fünf festeingebauten Verstärkern errichtet wurde. In Europa wurde während des Krieges vom Hauptquartier Mézières bis Konstantinopel gesprochen. Die Abb. 14 zeigt die Einschaltung der Verstärker. Ein Verstärker überträgt nur in einer Richtung. Man muß daher für jede Sprechrichtung einen besonderen Verstärker einbauen. Man kann sie aber nicht einfach parallel schalten, weil sonst die Sendeseite der einen Richtung auf die Empfangsseite der anderen Richtung arbeiten würde. Deshalb müssen die Verstärkerenden über Ausgleichsschaltung (Gabeln genannt) zusammengeschaltet werden. Die Gabeln bilden eine Art von Wheatstonescher Brücken. In Abb. 15 sind F_1 und F_2 die Fernleitungen, N sind die Nachbildungen, die möglichst die Eigenschaften der angeschlossenen Fernleitungen haben sollen. Der Abgleich ist aber nicht immer genau richtig, so daß Teile der verstärkten Ströme in die Geberrichtung zurück-

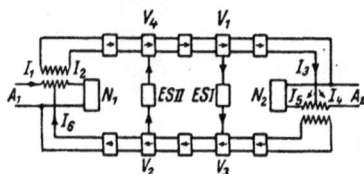

Abb. 15. Vierdraht-Leitung.

laufen. Das ist der Grund, weshalb nur eine beschränkte Zahl (bis zu 5) Zweidrahtverstärker in Reihe geschaltet werden kann. Auch kann die Verstärkung an jeder Stelle nicht hochgetrieben werden. Aber im Jahre 1913 hatte van Kesteren die Vierdrahtschaltung angegeben. Man benutzt für jede Sprechrichtung nach Abb. 15 eine Doppelleitung. Gabeln sind dann nur an den beiden Enden notwendig. Man kann wesentlich größere Belastungen benutzen und die Verstärkerfelder werden länger, die Drähte dünner. In Zweidrahtleitungen schaltet man alle 70 km, in Vierdrahtleitungen alle 140 km Verstärker ein. Die Dämpfungserscheinung in diesen Feldern ist durch die Abb. 16 gezeigt. Die Spulen haben 200 Millihenry, sie sind in Abständen von 2 km eingefügt. Bis zum Jahre 1928 waren in Deutschland schon 8500 km Fernkabel dieser Art eingebaut.

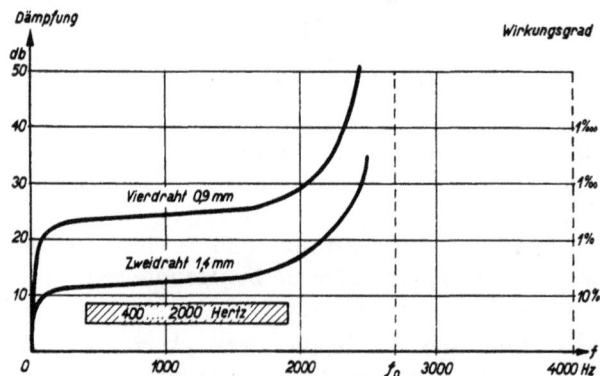

Abb. 16. Verstärkerfelddämpfung von 2- und 4-Drahtleitung 140 km.

In den Vereinigten Staaten war die Entwicklung ähnlich. Die Adernstärke hatte 1,3 und 0,9 mm Durchmesser, die Spulen haben 177 mH, die Spulenabstände sind 1830 m und die Verstärkerfelder sind 160 km lang.

Die Vierdrahtleitungen, Pupinspulen und Verstärker reichen aber für sehr lange Kabelverbindungen noch nicht aus. Es kommen zwei neue Erscheinungen dazu, das Echo und die Laufzeit der Übertragung.

Das Echo. Die Ungenauigkeiten der Abgleichung in den Gabeln lassen Teile der verstärkten Energie zurückfließen. Die obere Hälfte der Abb. 17 zeigt ein sechsfaches Echo, das allerdings absichtlich mit einer schlechten Abgleichung aufgenommen wurde. Die Wiederholung der Töne stört die Verständigung sehr, denn sie werden sehr deutlich wahrgenommen. Das Echo wird mit den Echosperren bekämpft. Man zweigt einen Teil der Sprechenergie ab, verstärkt diesen Teil und verlagert damit das Gitter des Fernsprechverstärkers der Gegenrichtung, so

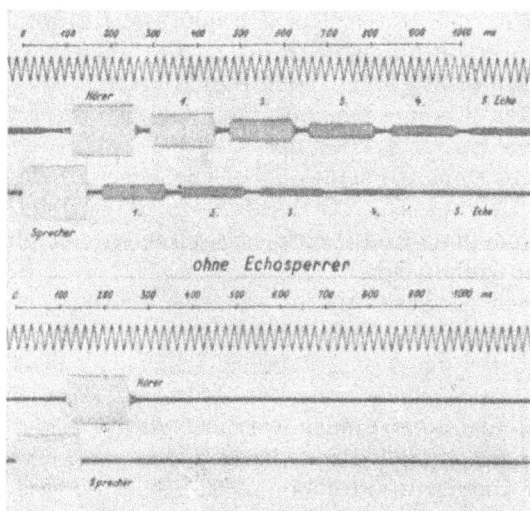

Abb. 17. Echo.

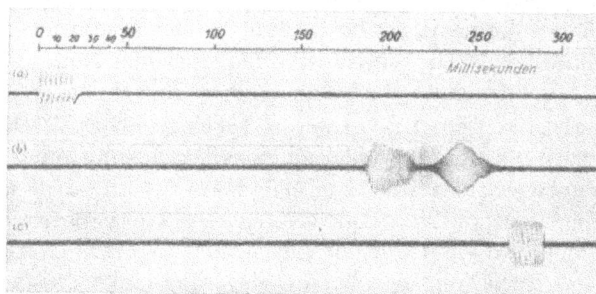

Abb. 18. Phasenausgleich.

daß diese Richtung gesperrt ist. Die Entwicklung der Echosperren begann im Jahre 1923 (Küpfmüller); 1926 waren praktisch schon alle Vierdrahtleitungen damit ausgerüstet. Die Abb. 15 zeigt die Stellen der Einschaltung der Echosperren ES_1 und ES_2.

Die Laufzeit. Tiefe Frequenzen laufen schneller über die Kabelleitungen als hohe Frequenzen. In Abb. 18 wird in der Zeit 0 bis 20 m/s ein Gemisch von 700 und 1650 Hz auf eine 3000 km lange Kabelleitung gegeben. Die tiefen Frequenzen treffen in der Zeit von etwa 170 bis

220 m/s, die hohen Frequenzen erst in der Zeit von 230 bis 270 m/s am anderen Ende ein. Die beiden Frequenzen sind vollständig getrennt worden. Außerdem sieht man auch eine Ungleichmäßigkeit der Stärke bei den eintreffenden Tönen. Die Spulen und Kapazitäten lassen nur ein allmähliches Ansteigen der Stromstärke zu. Es vergeht eine »Einschwingzeit«, bis die gewünschte Amplitude erreicht ist. Alle diese Erscheinungen werden durch den »Phasenausgleich« und durch die Verminderung der Bespulung bekämpft. Der Phasenausgleich besteht aus einer Zusammenstellung von Induktivitäten und Kapazitäten, welche die tiefen Frequenzen aufhalten und die Einschwingvorgänge vermindern. Die unterste Linie der Abb. 18 zeigt das gleiche Gemisch wieder gleichzeitig am ankommenden Ende, aber allerdings erst in der Zeit von etwa 270 m/s ab. Die Laufzeit spielt bei der Bildtelegraphie eine große Rolle. Ohne Phasenausgleich werden die empfangenen Bilder verschoben und unlesbar.

Trotz dieser Verbesserungen war ein Weltfernsprechwesen noch nicht möglich; denn die Weltverbindungen verlangen Überbrückung von 20000 km. Bei den bisher gebräuchlichen Kabeln würde die Antwort auf eine Anfrage erst nach 3 s eintreffen. Der Sprecher würde glauben, er sei nicht verstanden worden, würde wieder sprechen und während seines erneuten Redens würde die Antwort eintreffen.

Die lange Laufzeit wird hauptsächlich durch die induktive Belastung verschuldet. Für die Weltverbindungen baut man jetzt (s. Abb. 8, Zeile 4) Vierdrahtleitungen mit 1,4-mm-Adern, Spulen mit 3,2 mH und Verstärker in 70 km Abständen. Die Grenzfrequenz ist 20000 Hz und die Laufzeit ist 105000 km/s. Die Reichweite wird somit 26250 km. Damit wird die Vorschrift, daß zwischen Rede und Antwort höchstens ½ s verstreichen darf, für Weltverbindungen erfüllt.

Mehrfachausnutzung einer Leitung. Die Verständlichkeit der Sprache verlangt die Übertragung eines Bandes mit einer Breite von 2400 Hz (beispielsweise von 300 bis 2700 Hz). Da nun die Freileitungen und die sehr leicht bespulten Kabelleitungen ein viel breiteres Band übertragen, kann man auf einer Leitung gleichzeitig mehrere Gespräche übertragen. Dieses Verfahren beruht auf der Möglichkeit, das natürliche Sprachband am Leitungsanfang an eine beliebige Stelle der ganzen verfügbaren Breite zu schieben und es am anderen Ende wieder in die natürliche Sprache zurückzuverwandeln. Das Verfahren beruht auf der Modulation, Demodulation und den Frequenzweichen.

Die Abb. 19 zeigt das Sendeende mit Modulation und einer Frequenzweiche: N ist der niederfrequente Erzeuger, z. B. das Mikrophon. Eine seiner Frequenzen, z. B. 1000 Hz, sei herausgegriffen. T ist ein Erzeuger von 6000 Hz. Diese Frequenz nennt man Trägerwelle. Beide Frequenzen laufen durch einen nicht-linearen Widerstand W (Verstärkerröhre), der die Eigenschaft hat, die Ströme in der einen Richtung besser durchzulassen als in der anderen. Der Widerstand verzerrt ferner beide Schwingungen stark. Zu den beiden gelieferten Frequenzen treten noch die Differenz (6000 — 1000 = 5000) und die Summe (7000 Hz) dazu (das nennt man Modulation). Die Frequenzweiche besteht aus zwei Siebketten. M ist ein Mikrophon, dessen Bandbreite (im Mittel 1500 Hz)

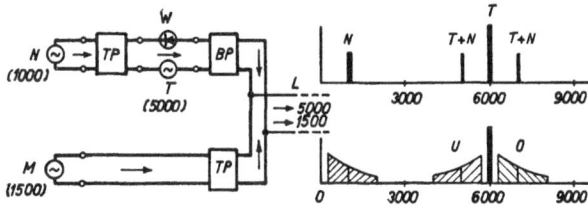

Abb. 19. Modulation.

unverändert übertragen werden soll. Der Tiefpaß TP ist eine Siebkette, die das Gemisch der Trägerwelle und das erste Gespräch von N nicht durchläßt. Der Bandpaß BP läßt die Frequenzen des Mikrophons M nicht durch. Die beiden Sprecher N und M stören sich also nicht.

In Abb. 20 sieht man links die Töne c und as. Rechts im Bilde sind die vielen entstehenden Mischtöne verzeichnet. Das Verhältnis der

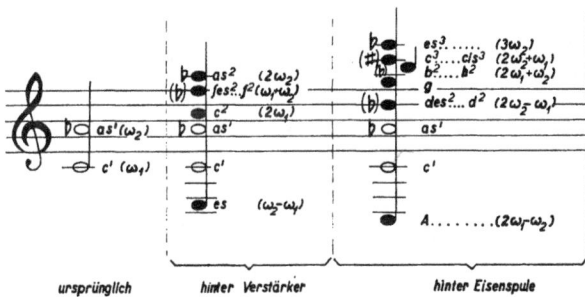

Abb. 20. Nebentöne durch nichtlineare Verzerrung.

Amplitude der neu entstehenden Töne zur Amplitude der Grundschwingung wird Klirrfaktor genannt. Bei einem reinen Ton und seinem ersten Oberton ist ein Klirrfaktor von 5% schon wahrnehmbar. Aus den Tönen von 650 Hz und 1000 Hz entstehen noch Töne mit 350, 1350, 1650 und 2000 Hz. Es sind also 6 Töne hörbar. 2% Klirrfaktor sind schon wahrnehmbar. Die Sprache ist bei 30% Klirrfaktor bei angespannter Aufmerksamkeit verständlich. Musik ist bei einem solchen Klirrfaktor schon stark gestört.

Die entstehenden Schwingungen $T + N$ und $T — N$ haben nun die Eigenschaften, alle Änderungen der Niederfrequenz N mitzumachen.

2*

Die beiden Schwingungsgebilde werden oberes und unteres Seitenband genannt. Abb. 19 zeigt auf der rechten Seite ein unverzerrtes Band von 300 bis 2700 Hz, ein unteres Seitenband von 3300 bis 5700 Hz und ein oberes Seitenband von 6300 bis 8700 Hz. Die für die Abb. 5 erläuterte Erscheinung, daß das Ohr nur die gleichzeitig eintreffenden Wellen, aber nicht ihre genauen Formen bucht, gestattet nun die Unterdrückung der Trägerwellen (6000 Hz) auf der übertragenden Leitung. Diese Unterdrückung bedeutet naturgemäß kleinere Verluste auf der Leitung. Die Trägerwelle wird also nur zur Erzeugung der Seitenbänder benutzt. Sie wird dann auf der Empfangsseite wieder zugefügt.

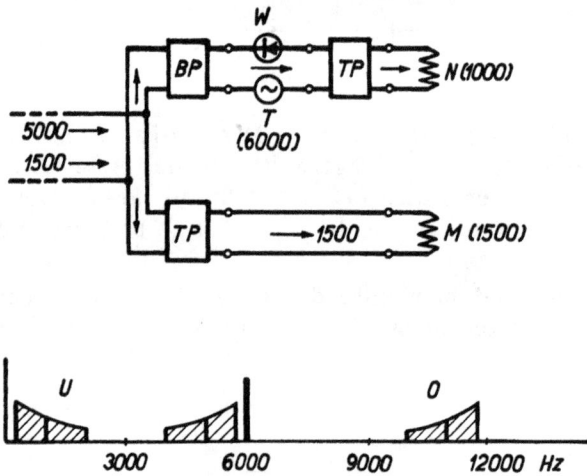

Abb. 21. Demodulation.

In Abb. 21 wird die Demodulation dargestellt. Das ankommende Gemisch mit der mittleren Frequenz 1500 Hz (gewöhnliches Gespräch) und 5000 Hz (unteres Seitenband) wird durch eine Weiche getrennt. Der Tiefpaß TP läßt nur das gewöhnliche Gespräch durch, der Bandpaß BP nur das untere Seitenband. Das Seitenband allein würde nur als ein hochtöniges Geräusch empfunden. Nun ist T wieder ein Erzeuger von 6000 Hz und W ein nichtlinearer Widerstand. Hinter diesen beiden Apparaten hat man wieder das Gemisch von 6000 Hz und mit dem Seitenband 6300 bis 8700 Hz. Die Differenz dieser Schwingungen ist wieder ein regelrechtes Gespräch von 300 bis 2700 Hz. Eine Siebkette läßt nun die 6000 Hz nicht durch, sondern nur das Gespräch in seiner regelrechten Bandbreite.

Das Gemisch von den vielen Frequenzen auf der Leitung würde nun nach Abb. 20 eine Unzahl von weiteren Tönen erzeugen, wenn auf der Leitung die Spulen, Kapazitäten, Verstärker usw. nichtlineare Eigenschaften haben. Man benutzt deshalb die sogenannten linearisierten Verstärker. Das sind wieder Gebilde von Spulen und Kondensatoren, welche die nichtlinaren Eigenschaften der übrigen Leitungsteile aufheben. In Anlehnung an den Ausdruck »leichte Belastung« nennt man ein solches Übertragungssystem mit linearisierten Verstärkern »L-System«.

Die hohen Grenzfrequenzen der leicht bespulten Leitungen erlauben eine noch weitergehende Verwendung der Trägerwellen. Man kann damit 4 Gespräche gleichzeitig übertragen. Ein solches System heißt »S-System«. In Abb. 22 sind links 4 Sprechstellen A_1—A_4 und rechts 4 andere Sprechstellen B_1—B_4 gezeigt. A_1 spricht mit B_1 mit einem Bande mittlerer Frequenz 1500 Hz, A_2 mit B_2 mit der mittleren Frequenz 4000, A_3 mit B_3 mit mittlerer Frequenz 8000 und A_4 mit B_4 mit mittlerer Frequenz 12000.

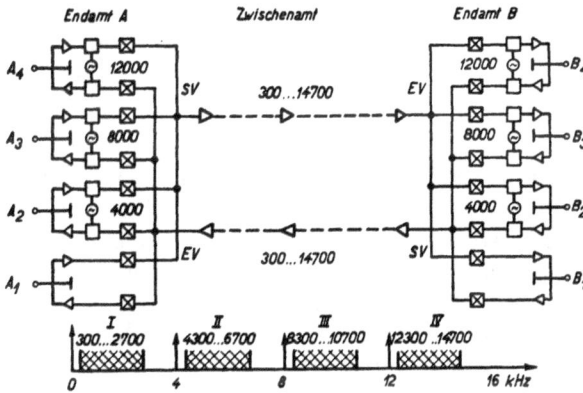

Abb. 22. S-System.

Ein Seitenband unterhalb der Trägerwelle, z. B. das Seitenband mit der mittleren Frequenz 5000 Hz, wird invertiert genannt. Ein solches Seitenband ist völlig unverständlich und man kann es zur Geheimhaltung benutzen. Auch das obere Seitenband ist unverständlich.

Lange Leitungen nehmen unterwegs fremde Energiemengen auf, und zwar nicht nur aus den Nachbarleitungen, sondern auch aus der ganzen Umgebung. Man bezeichnet alle diese Erscheinungen zusammen als Nebensprechen. In Fernsprechleitungen soll das Verhältnis der Nutzspannung zur Geräuschspannung mindestens 250 : 1 sein. Rundfunkleitungen in Kabeln verlangen 1000 : 1. Die aus Nachbarleitungen übertretende Spannung (Übersprechen) soll ein Verhältnis 1000 : 1 haben; d. h. die Leistung des Nebensprechens soll nur 1 : 1000000 der Nutzleitung sein. Um ausreichende Störungsfreiheit zu erzielen, verlegt man die Fernsprechkabel auf anderen Wegen als die Starkstromleitungen. Die Leitungen und Schaltungen müssen erdsymmetrisch sein und letzten Endes legt man metallische Schirme zwischen die Leitungen.

2. Netzgestaltung und Betrieb der Drahtsysteme.

Die Fernkabel müssen sich auf ein Verteilernetz in den einzelnen Ländern stützen. Die großen Städte werden miteinander verbunden, von diesen Großstädten strahlen die Fernleitungen für die Landesverteilung strahlenförmig aus. Das deutsche Fernleitungsnetz ist so angelegt, daß 70% des inneren Verkehrs unmittelbar abgewickelt wird. Von den restlichen 30% fließen nur etwa 5% über mehr als 2 Fernämter. In Deutschland sind 15 Hauptknotenpunkte (Durchgangsfernämter), 56 Verteilerfernämter und rd. 650 Überweisungs- (oder End-) Fernämter vorgesehen. In anderen Ländern ist eine ähnliche Gestaltung geplant, z. B. in den Vereinigten Staaten: 8 Durchgangsfernämter, 250 Verteilerämter, 2500 Endfernämter.

Zu den technischen Aufgaben, die das Weltfernsprechen ermöglichen, gehört noch die Fernwahl, d. h. die Herstellung der Verbindungen durch Wahl statt durch Handvermittlung. Eine Fernverbindung wird von Hand so hergestellt: Der Teilnehmer meldet das Gespräch an einem Meldeplatz an, wo ein Gesprächszettel mit den nötigen Angaben ausgefüllt wird. Der Zettel wird gewöhnlich durch Rohrpost über eine Verteilerstelle zum Fernplatz geschickt. Der Fernplatz hat Schnüre und Stöpsel, die Fernleitung beginnt an Klinken. Ein Fernplatz kann bis zu fünf wichtige Leitungen bedienen; die wichtigsten (internationalen) Leitungen sind einzeln an je einen Fernplatz gelegt. Am ankommenden Ende wird die Bestellung ebenfalls von einer Beamtin angenommen, die dann heute schon oft den gewünschten Teilnehmer wählt. Die Teilnehmer müssen warten, damit auf den Fernleitungen Gespräch an Gespräch gereiht werden kann. Dieses Verfahren wird Melde- oder Warteverkehr genannt. Die Wartezeiten sollen für Entfernungen bis zu 500 km eine halbe Stunde, für Entfernungen von 1000 km eine Stunde nicht übersteigen. Während des Ablaufens eines Ferngespräches bereitet die Fernbeamtin beiderseits die nächste Verbindung vor, indem sie die zu verbindenden Teilnehmer anruft und diese Ortsverbindung stehenläßt. Sowie die Fernleitung frei wird, kann sie zum nächsten Teilnehmerpaar durchgeschaltet werden (Vorbereitung). An Stelle von Stöpseln und Schnüren und Klinken werden neuerdings auch Fernämter gebaut, in denen die Verbindungen zwischen den Fernleitungen und den Ortsverbindungsleitungen über Umschalter und Druckknöpfe hergestellt werden. Diese Verbindungen werden zum Teilnehmer hin gewählt. Die schnurlosen Fernämter sind in Deutschland entstanden und erscheinen jetzt auch in den Vereinigten Staaten.

Für den Durchgangsverkehr sind die Fernleitungen in kleineren Fernämtern über alle Fernplätze gevielfacht, bei großen Ämtern sind besondere Durchgangsplätze angeordnet. Die Durchgangsplätze stellen nur die Verbindung her, die Überwachung bleibt bei den beteiligten

Fernplätzen. Die Fernleitungen werden zwischen großen Städten als Richtungsverkehr, bei schwächerem Verkehr als doppeltgerichtet betrieben. In den Vereinigten Staaten werden die abgehenden und ankommenden Enden auf getrennten Plätzen bedient; denn das ankommende Ende verlangt weniger Arbeit als das abgehende Ende. Die ankommenden Plätze bedienen daher mehr Fernleitungen als die abgehenden Plätze.

Fernverbindungen werden oft den Ortsverbindungen vorgezogen. Das Fernamt schaltet sich auf Ortsverbindungen auf und trennt diese zugunsten der Fernverbindung. Dieses Verfahren (zwangsweise Trennung) ist in Deutschland, Italien, Österreich und Holland üblich. Oder die Fernverbindungen werden vom Fernamt nur angeboten und der Teilnehmer entscheidet selbst über die Annahme (Anbotverfahren). Das ist in England und teilweise in der Schweiz üblich. Oder das Fernamt kann in Ortsgespräche nicht eintreten (Besetztzeichen heilig). Dieses Verfahren ist in den Vereinigten Staaten, Spanien und Rumänien üblich. Neuerdings bespricht man den Übergang von der zwangsweisen Trennung zum reinen Anbotverfahren auch für Deutschland.

Zur Verkürzung der Wartezeit bedient man sich des Sofortverkehrs. In handbetriebenen Anlagen meldet der Teilnehmer das Gespräch an einem Platze an, der die Fernverbindungen selbst herstellen kann. Das Verfahren ist möglich, wenn die Anzahl der Fernleitungen ausreicht, um einen großen Prozentsatz der Verbindungen sofort herstellen zu können. In den Vereinigten Staaten werden so über 90% des gesamten Fernverkehrs sofort abgewickelt. Man nennt das Verfahren in Deutschland beschleunigten Fernverkehr, wartezeitlosen Fernverkehr, Sofortverkehr, Schnellverkehr und Überweisungsverkehr; in den Vereinigten Staaten combined line recording traffic; in England demand traffic, no delay service; in Frankreich trafic direct oder trafic sans delai. Die Schwierigkeit in diesen Verkehrsarten besteht darin, daß die Richtigkeit der Angabe der Nummer des Anrufers nachgeprüft werden muß (Rückprüfung). Dazu wird häufig die Meldeverbindung völlig ausgelöst und durch eine neue vom Fernamt aufgebaute Verbindung sofort ersetzt. Diese neue Verbindung benutzt oftmals Sprechwege mit besseren Übertragungseigenschaften als die Meldeleitungen. Oder wenn die Meldeleitung ausreicht, prüft das Fernamt über eine Hilfsverbindung die Nummer nach. In Zeiten starken Verkehrs wird nur ein Teil der Nummern nachgeprüft.

Der Teilnehmer-Selbstwähl-Weitverkehr läßt die Wartezeiten überhaupt verschwinden; denn den Teilnehmern, die selbst wählen, kann man irgendwelche Wartezeiten auf das Freiwerden von Leitungen nicht zumuten. Die Gebühren werden bei dieser Verkehrsart nicht auf Zettel verrechnet, sondern durch selbsttätige Zeitzonenzähler erfaßt. Die Leistungsfähigkeit des Fernnetzes muß so gesteigert werden, daß nur wenig Teilnehmer sich gezwungen sehen, ihre Gespräche anzumelden und auf die Herstellung der Verbindung zu warten. Die selbsttätige Zeitzonenzählung schreibt die fälligen Gebühren auf Teilnehmerzählern auf. Der Teilnehmer erhält nur die Summe der fälligen Gebühren einmal im Monat zugesandt. Wenn ein Teilnehmer für jedes Ferngespräch eine

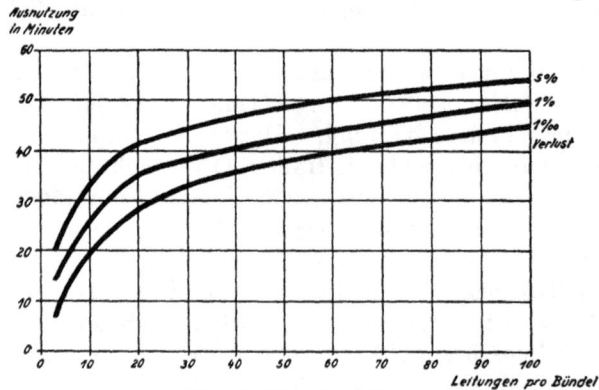

Abb. 23. Bündelleistungen.

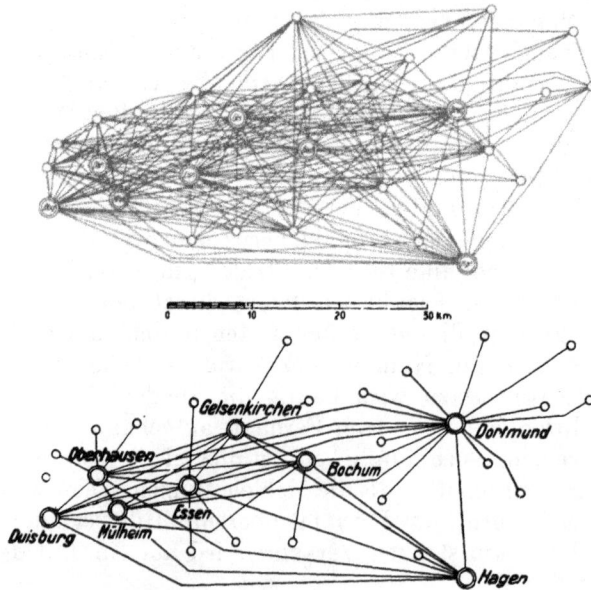

Abb. 24. Maschen- und Sternnetz.

besondere Abrechnung erhalten will, so meldet er die Ferngespräche regelrecht an. Dann muß er aber im allgemeinen auf die Herstellung der Fernverbindung warten.

Es ist bekannt, daß die Ausnutzung der Leitungen nur von der Bündelgröße abhängt. Abb. 23 läßt die Leistungen bei verschiedenen

Wirkungsgraden erkennen, für Fernleitungen gilt meistens ein Wirkungsgrad von 1%. Bei Handbetrieb muß man zur Vermeidung einer Vielzahl von Schaltstellen möglichst Amt mit Amt verbinden. Die Hintereinanderschaltung von Schaltstellen ist dagegen eine grundsätzliche Erscheinung beim Wählerbetrieb. Abb. 24 zeigt eine alte Maschenform eines Fernnetzes für Handbetrieb und eine Sternform für Wählerbetrieb. Die Verkehrsmengen sind zusammengedrängt, die Bündel sehr viel stärker und die Zahl der Verbindungsrichtungen ist wesentlich kleiner im Wählernetz als im Handnetz. Derartige für Wählerbetrieb zusammengefaßte Gruppen von Ämtern nennt man »Netzgruppen«. Eine Netzgruppe erfaßt eine Fläche von 30 bis 70 km Durchmesser. In vielen Ländern, z. B. Deutschland, Schweiz, Österreich, Frankreich, Holland, Polen und anderen wählen die Teilnehmer innerhalb solcher Netzgruppen alle Verbindungen selbst. In Bayern erstreckt sich der Selbstwählweitverkehr sogar über mehrere benachbarte Netzgruppen. Geplant sind für

die Schweiz	66	Netzgruppen
Holland	19	»
Österreich	36	»
Jugoslawien	46	»
Deutschland	650	»

Andere Länder beginnen jetzt, die in Deutschland 1924 zum ersten Male benutzte Betriebsweise, ebenfalls einzuführen.

Das Hauptknotenamt einer Netzgruppe ist ein Endfernamt. Bei schwachem Verkehr kann die persönliche Bedienung in diesen Ämtern unterbleiben. Das übergeordnete Fernamt übernimmt dann den ganzen Ferndienst für die Netzgruppe. Die strahlenförmige Netzgestaltung erspart etwa 10 bis 25% der Leitungslänge und 70 bis 90% an Leitungsführung. Die Zusammendrängung des Verkehrs auf wenige Leitungsstränge erhöht die Leistung jedes Sprechweges. Es ist also für die Einführung des Sofortverkehrs nicht eine Leitungsvermehrung nötig, sondern man erspart Leitungen und ganz besonders Leitungsstrecken.

Nicht immer ist der Verkehr innerhalb einer Netzgruppe vollselbsttätig. Diese Technik verlangt hochwertige und gut isolierte Teilnehmerleitungen, bedingt Sofortverkehr und selbsttätige Zeitzonenzählung. Bei schwacher Sprechstellendichte werden solche Anlagen zu teuer. Für solche Gebiete errichtet man ebenfalls ein strahlenförmiges Netz mit Wählerämtern. Aber die Teilnehmersprechstellen behalten die Ortsbatterieform mit Induktor. Die Ortsbatteriespeisung für das Mikrophon und der Induktorstrom zur Signalisierung des Amtes setzen sich auch über wenig isolierte, verhältnismäßig schlecht gehaltene Teilnehmerleitungen durch. Wenn der Teilnehmer zur Einleitung einer Verbindung kurbelt, so wird im zugehörigen Amt, an das beispielsweise

7 oder 8 Teilnehmer angeschlossen sind, das Linienrelais erregt. Es bindet sich. Wird dann die weiterführende Leitung frei, so schaltet sich die Verbindung selbsttätig zu einem Abfrageplatz in einem großen Knoten-

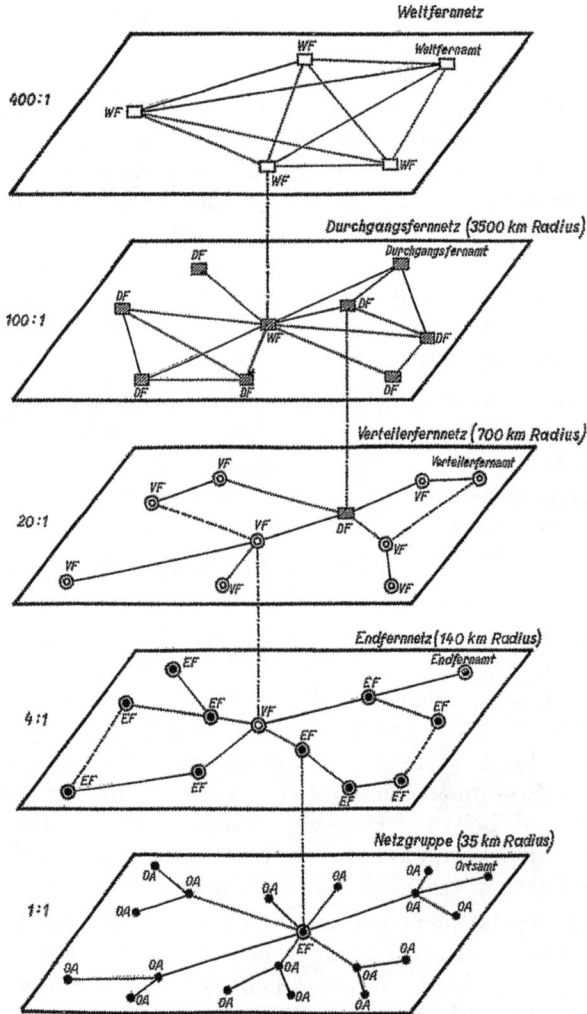

Abb. 25. Ebenen der Fernnetze.

amt durch. Die Beamtin fragt ab, oder wenn der Teilnehmer nicht mehr· am Apparat ist, ruft sie ihn an, um abzufragen. Sie stellt dann die Verbindung halbautomatisch her (OB-Landzentralen). Man kann auch voll- und halbselbsttätige Anlagenteile über das gleiche Leitungsnetz betreiben.

Die Netzgruppen bilden das Ende des Fernverkehrs. Es handelt sich nun darum, wie der Weltfernverkehr weiterhin aufgebaut wird. Abb. 25 zerlegt den ganzen Fernverkehr in 5 Ebenen. Die unterste Ebene ist die Netzgruppe (35 km Halbmesser). Die Endfernämter bilden unter sich ein Netz mit 140 km Halbmesser, in dessen Mitte ein Verteiler-

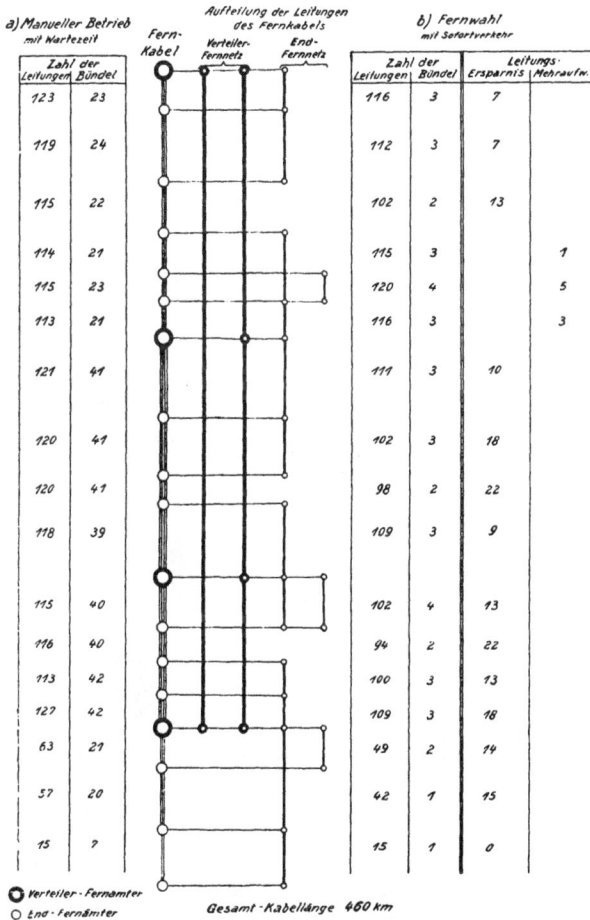

a) Manueller Betrieb mit Wartezeit		b) Fernwahl mit Sofortverkehr			
Zahl der Leitungen	Bündel	Zahl der Leitungen	Bündel	Leitungs-Ersparnis	Mehraufw.
123	23	116	3	7	
119	24	112	3	7	
115	22	102	2	13	
114	21	115	3		1
115	23	120	4		5
113	21	116	3		3
121	41	111	3	10	
120	41	102	3	18	
120	41	98	2	22	
118	39	109	3	9	
115	40	102	4	13	
116	40	94	2	22	
113	42	100	3	13	
127	42	109	3	18	
63	27	49	2	14	
57	20	42	1	15	
15	?	15	1	0	

○ Verteiler-Fernamter
○ End-Fernämter

Gesamt-Kabellänge 460 km

Abb. 26. Bündelung in einem Fernkabel.

amt liegt. Die Verteilerämter werden durch das Verteilerfernnetz mit einem Halbmesser von 700 km zusammengefaßt. Im Schwerpunkt dieses Netzes liegt ein Durchgangsamt. Das Netz der Durchgangsämter hat schon einen Halbmesser von 3500 km, in dessen Schwerpunkt ein Weltfernsprechamt liegt. Die Weltfernämter sind unter sich durch Drähte oder drahtlos verbunden.

Direkte Verbindungen kleiner Ämter (Querverbindungen, maschen-
förmiges Netz) sind im allgemeinen unwirtschaftlich. Sie lohnen sich
nur bei starkem Verkehr zwischen zwei Ämtern. Je höher jedoch die
Ebene (Abb. 25) ist, desto eher ist die Bedingung des starken Verkehrs
für direkte Leitungen zwischen zwei Ämtern erfüllt.

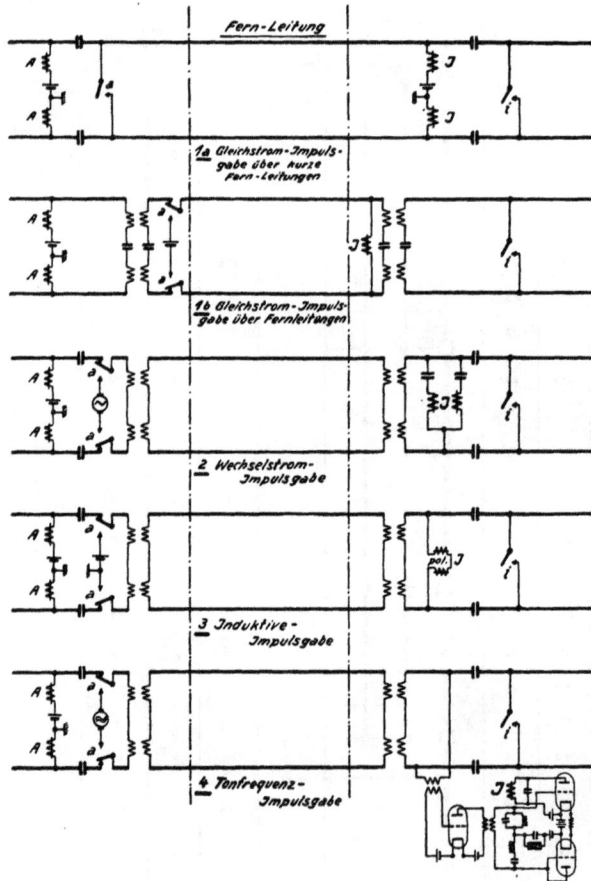

Abb. 27. Fernwahlen.

Es fragt sich noch, ob vorhandene Fernkabel sich in die neue Netzgestaltung überführen lassen; denn die örtliche Umlegung von Kabeln
ist teuer. Für den gegenwärtigen Handbetrieb führen die meisten Fernkabel sehr viel voneinander unabhängige Bündel. Abb. 26 zeigt ein
Fernkabel von 460 km Länge. Links ist die Unterteilung für Handbetrieb in durchschnittlich 30 Bündel gezeigt. Die Umformung dieses
Kabels für den selbsttätigen Wählbetrieb faßt den Verkehr in durchschnittlich 2,5 Bündel zusammen. In der Spalte am rechten Ende

sind die wenigen Strecken angegeben, deren Leitungszahl etwas verstärkt werden muß. Das umgeformte Kabel kann aber zum Sofortverkehr benutzt werden und die Kosten der Leitungsvermehrung sind unbeträchtlich.

Die Technik der Fernwahl hängt von sehr vielen Eigenschaften und Einrichtungen der Fernleitung ab. Nach Abb. 27 gibt es fünf Möglichkeiten:

1. Gleichstromwahl und Gleichstromsignalisierung über
   a) nicht abgeriegelte Leitungen ohne Verstärker,
   b) abgeriegelte Leitungen ohne Verstärker.

Diese Stromstoßgabe ist nur für verhältnismäßig kurze Strecken (100 bis 150 km) brauchbar, die außerdem nicht von Starkstrom beeinflußt werden.

Die übrigen Fernwahlen unterscheiden sich von den beiden genannten Gleichstromwahlen durch die Umformung des Stromes.

2. Die Wechselstromwahl mit technischem Wechselstrom (50 oder 60 Hz). Die Fernleitungen sind beiderseits abgeriegelt und keinerlei Kontakt findet sich in der Fernleitung selbst. Der Stromstoß wird als Wechselstrom auf die Erstwicklung des abriegelnden Transformators gegeben, wird in die Fernleitung und von der Fernleitung wieder auf das Empfangsrelais induziert. Dieses Stromstoßrelais hat zwei magnetische Kreise und zwei verschiedene Kondensatoren, die den ankommenden Wechselstrom in zwei um nahezu 90° verschobene Teilströme auflösen, so daß der Anker des Relais nicht klappert. Die Wechselstromwahl wird für 100 bis 150 km lange Leitungen gebraucht, die durch starkstrombeeinflußte Gebiete führen. Die beiderseitige Abriegelung durch Transformatoren verhindert das Eintreten der gegebenenfalls gefährlichen Spannungen in die Ämter. Die Wechselstromwahl ist sehr weit verbreitet.

3. Die induktive Stromstoßgabe. Zur Stromstoßerzeugung wird an die Erstwicklung des abriegelnden Transformators eine Gleichstromquelle angelegt. Die Stromspitze beim Stromschluß legt das polarisierte Empfangsrelais in die Arbeitslage, die bei Stromöffnung ausgesandte Stromspitze legt das Empfangsrelais wieder in die Anfangslage zurück. Diese Form der Nummernwahl reicht ebenfalls über ungefähr 100 bis 150 km. Sie wird benutzt, wenn technischer Wechselstrom von 50 Hz nicht erreichbar ist, was bei einzelnen Sprechstellen heute der Fall ist. Solche Sprechstellen kommen in langen Leitungen mit wahlweisem Anruf häufig vor.

4. Tonfrequenzwahl. Der Stromstoß wird mit einer Frequenz gegeben, die im Sprachband liegt. Er fließt soweit die Sprache reicht, d. h. weltweit. Die Gefahr, daß die gleichen Töne beim Sprechen die

Signale betätigen, wird durch eine Frequenzweiche am ankommenden Ende beseitigt. Die Frequenzweiche schickt die Signalfrequenzen in einen Zweig der Empfangseinrichtung. Wenn gleichzeitig mit der Signalfrequenz in der Sprache noch andere Frequenzen eintreffen, so werden diese durch den anderen Zweig der Empfangseinrichtung geleitet. Dort werden sie so umgeformt, daß sie die Wirkung des ersten Empfängerkreises verhindern.

In Netzgruppen sind Verstärker für Verbindungen über zwei kurze Fernleitungen (z. B. innerhalb der Netzgruppe) nicht nötig. Wenn eine solche Fernleitung aber an eine große Fernleitung angeschaltet wird, so wird ihre Dämpfung u. U. zu groß. Dann schaltet sich ein Verstärker selbsttätig in die Netzgruppenleitung ein. Umgekehrt kann die kleine Dämpfung einer kurzen Fernleitung das Gleichgewicht für eine Weitverbindung stören. Dann wird selbsttätig eine Verlängerung eingeschaltet.

3. Das drahtlose Fernsprechen im Weltverkehr.
(Von Ministerialdirektor K. Höpfner, Berlin (Reichspostministerium).

Im Jahre 1915 gelang es zum ersten Male, Sprache auf dem drahtlosen Wege über den Atlantischen Ozean zu übertragen. Amerikanische Ingenieure waren es, die über den Eiffelturm-Sender in Paris mit Washington sprachen. Jedoch erst im Jahre 1927, nachdem die Technik der Verstärker- und Senderöhren weiter vervollkommnet war, wurde die erste Funksprechlinie dem öffentlichen Verkehr übergeben. Dies war die mit der Welle 5000 m (60 kHz), also mit einer langen Welle arbeitende Verbindung London—New York. In der kurzen Spanne Zeit der darauf folgenden 6 Jahre hat sich das neue Verkehrsmittel infolge der großen Fortschritte auf dem Kurzwellengebiet überraschend schnell weiter entwickelt. Heute stehen bereits über 70 fast ausschließlich mit kurzen Wellen arbeitende Funkfernsprechwege bereit, um im regelmäßigen täglichen Verkehr die einzelnen Drahtfernsprechnetze der Erde zu einem großen Weltfernsprechnetz zusammenzuschließen, in dem nunmehr fast sämtlichen Fernsprechstellen auf der Erde die technische Möglichkeit geboten wird, miteinander in unmittelbare Verbindung zu treten. Neben dem Rundfunk ist der Weltfernsprechverkehr über weite Ozean- und Landstrecken hinweg wohl als eine der größten Errungenschaften der Nachrichtentechnik anzusehen, als ein Sieg des menschlichen Geistes über Zeit und Entfernung.

Die Eigenart einer Funkfernsprechverbindung läßt sich am einfachsten erklären, wenn man von den Vorkehrungen ausgeht (Abb. 28), die in Drahtnetzen getroffen werden, um den wechselseitigen Sprechverkehr zwischen 2 Sprechstellen zu ermöglichen. Für den Weitverkehr in Drahtnetzen wird die sog. Vierdrahtschaltung benutzt. In ihr werden für die beiden Übertragungsrichtungen 2 zunächst voneinander unabhängige Doppelleitungen, also insgesamt 4 Drähte, bereitgestellt. In jede der beiden Doppelleitungen werden in regelmäßigen Abständen Verstärker eingeschaltet, um die in den einzelnen Leitungsabschnitten geschwächten Sprechströme wieder auf eine Normalstärke zu bringen, bevor sie auf die Stärke der an den Enden der Leitungsabschnitte wirksamen Geräusche abgesunken sind. Die Verstärkung in der Gesamtheit aller Verstärker einer Weitverkehrsleitung ist im allgemeinen sehr groß, aber durch geeignete Verteilung der Verstärkung längs der Leitung wird erreicht, daß die Nutzstromstärke und die Leitungsgeräusche stets in gleichem Verhältnis zueinander bleiben. Die Sprechströme sind an keinem Punkte der Leitung wesentlich stärker oder schwächer als hinter dem Mikrophon des Sprechers oder vor dem Fernhörer der Sprechstelle. Um den Übergang von der vierdrähtigen Weitverkehrsleitung zur zweidrähti-

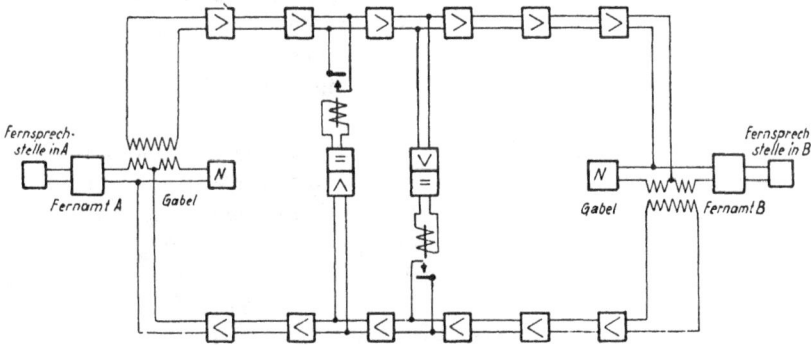

Abb. 28. Vierdrahtleitung.

gen Anschlußleitung der Sprechstelle zu ermöglichen und die beiden Übertragungswege dabei doch möglichst unabhängig voneinander zu machen, wird die Vierdrahtleitung an beiden Enden durch Differential- oder Brückenschaltungen (sog. Gabelschaltungen) abgeschlossen, die die vom Sprecher ausgehenden Sprechströme in den Übertragungsweg nach dem fernen Hörer zu und die am fernen Ende ankommenden Ströme in die Anschlußleitung der hörenden Sprechstelle überleiten; die Gabelschaltungen verhindern den Übertritt der Sprechströme aus dem einen Übertragungsweg in den anderen, sofern Vorsorge getroffen ist, daß das Ausgleichselement den Scheinwiderstand der Anschlußleitung und der angeschlossenen Sprechstelle innerhalb des von beiden Sprechwegen übertragenen Frequenzbandes nachbildet. Wäre ein solcher Ausgleich nicht vorhanden, so würden die Sprechströme bei jeder Sendung innerhalb der Ringschaltung kreisen und u. U. Pfeifgeräusche oder Echoerscheinungen hervorrufen, zum mindesten jedoch den Wirkungsgrad der Übertragung von Sprechstelle zu Sprechstelle herabsetzen. Da der Ausgleich durch die beiden Nachbildungen nie vollkommen ist, so haben wir stets damit zu rechnen, daß die Sprechströme an jeder der beiden Gabelschaltungen aus dem einen Übertragungsweg in den anderen übertreten. Da nun die Fortpflanzung der elektrischen Energie mit einer endlichen Geschwindigkeit erfolgt, die um so geringer ist, je größer die kapazitiven und induktiven Speicher sind, in deren Energieaufnahme und -abgabe der Energietransport begründet ist, erfolgen die Energieübergänge aus der einen Übertragungsrichtung in die andere an den beiden Gabeln in um so größeren Zeitabständen nacheinander, je geringer die Fortpflanzungsgeschwindigkeit ist. Die Fortpflanzungsgeschwindigkeit in den Weitverkehrsleitungen der Jetztzeit beträgt z. B. etwa 35000 km/s. Bei genügender Länge einer solchen Leitung — schon bei 1000 km — machen sich die ungewollten Stromübergänge von dem einen Sprechweg auf den anderen als Echoerscheinungen bemerkbar. In diesem Fall folgen die Echos in Zeiträumen von 60 m/s aufeinander. Dies ist etwa die Grenze, von der ab man den Energieüberfluß als Echo wahrnimmt. Der Sprecher hört seine eigenen Worte echoartig mehrere Male nacheinander; auch der Hörer empfängt die Worte des Sprechers mehrere Male nacheinander. Die störende Wirkung wird um so größer, je größer die zeitliche Verzögerung ist, mit der die Teilechos eintreffen und je stärker der nichtgewollte Rückfluß an jeder Gabel ist. Man beseitigt diese störenden Echoerscheinungen durch sog. Echosperren; sie sperren den dem jeweiligen Sprechweg entgegengesetzten Sprechweg während der Dauer des Durchganges der Sprechströme, und zwar muß diese Sperrung so schnell erfolgen, daß der Kopf der Sprechstromsendung die rückwärtigen Sprechwege gesperrt vorfindet, wenn er die sperrende Stelle erreicht; ferner muß die Sperre so lange wirksam bleiben, bis die letzten Impulse der Sprechstromsendung die Sperrstellen erreicht haben.

Abb. 29 stellt den grundsätzlichen Aufbau einer Funkfernsprechverbindung dar. Die Ähnlichkeit dieser Schaltung und der einer Vierdrahtleitung, wie auch ihre wesentlichen Unterschiede sind sinnfällig. Die gesamte Verstärkung ist hier sowohl auf der Sende- als auch auf der Empfangsseite in je ein Element zusammengedrängt, am Anfang in einen mit großer Leistung strahlenden Funksender und am Ende in einen empfindlichen Funkempfänger. Der Funksender ist ein gewaltig großer Verstärker, dessen Ausgangsleistung nicht wie in einer Fernkabel-Vierdrahtleitung nach Milliwatt zählt, sondern nach Kilowatt. Das gleichzeitige Sprechen aller Fernsprechteilnehmer in Deutschland würde nicht ausreichen, um die Ausgangsleistung bei einem Gespräch nach Übersee zu erzielen. Der Funkempfänger ist weit empfindlicher als das menschliche Ohr; er nimmt die schwächsten Wellenimpulse auf, die etwa so schwach sind wie die Stimme eines einzigen Menschen, der in mehreren Kilometern Entfernung spricht, und bringt sie auf eine akustisch gut wirksame Stärke. Diese Leistungsverhältnisse beim Senden und Empfangen drahtloser Wellenbewegungen sind von grundsätzlicher Bedeutung für die Einrichtung und Arbeitsweise der Funkfernsprechschaltung. Hinzu kommt, daß Funksender und Funkempfänger immer verhältnismäßig nahe beieinander aufgestellt werden, verglichen mit den zu überbrückenden großen Entfernungen. Das hochempfindliche Empfangsorgan, auf den Empfang schwächster Wellenimpulse, also auf größte Empfindlichkeit, eingestellt, muß gegen die mit großer Energie vom Sender in den eigenen Empfänger eindringenden Energien geschützt werden, selbst bei Verwendung verschiedener Wellen für beide Übertragungswege. Besonders sorgfältig muß dieser Schutz sein, wenn für beide Übertragungswege — wie bei der Langwellenverbindung London—New York — die gleiche Welle benutzt wird. Es kommt noch hinzu, daß die Übertragungsfähigkeit des Äthers in großen Grenzen schwankt.

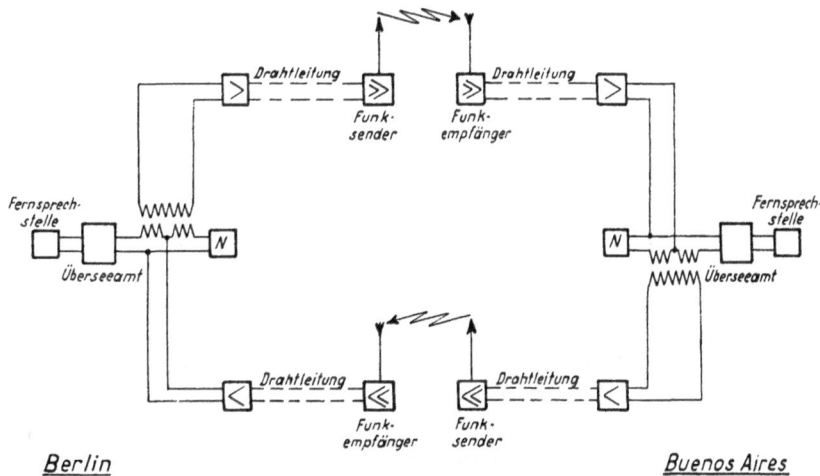

Abb. 29. Funkfernsprechverbindung.

Bei guter Übertragungsfähigkeit würden sogar Pfeifgeräusche (Selbsterregung), zum mindesten Echoerscheinungen auftreten. Aus diesem Grunde muß der Empfänger unwirksam gemacht werden, wenn der eigene Sender modulierte Wellen ausstrahlt; anderseits muß der Sender unwirksam gemacht werden, solange der Empfänger wirksam ist. Das im Landkabelbetrieb ausreichende Mittel der Echosperren reicht hier nicht aus, weil diese nur wirken, solange gesprochen wird. Eine Schaltung, die dieser Forderung in einfachster Weise genügt, ist in Abb. 30 dargestellt. Im Zustand der Ruhe, wenn nicht gesprochen wird, sind die Übertragungswege von den Funkempfängern bis zu den Sprechstellen beiderseits wirksam, während die Übertragungswege von den Sprechstellen bis zu den Funksendern gesperrt sind. Die Sperre erfolgt durch die beiden Relais 1, deren Anker die Sendersprechwege kurzschließen.

Sobald bei einer der beiden Sprechstellen gesprochen wird, z. B. in Berlin, heben die Sprechströme die Sendersperre selbsttätig auf und sperren gleichzeitig die eigene Empfangsrichtung. Zu diesem Zweck wird ein kleiner Teil der abgehenden Sprechströme abgezweigt, verstärkt und gleichgerichtet. Unter der Wirkung des Gleichstroms ziehen das Relais am Sendeweg (1) und das Relais am Empfangsweg (2) ihre Anker an. Beim ersten Relais (1) öffnet sich der Ruhekontakt, der Kurzschluß der Sendeleitung wird aufgehoben, so daß die abgehenden Sprechströme den Funksender erreichen können. Das Relais (2) am Empfangsweg dagegen schließt den Empfangsweg kurz, um zu verhindern, daß die über die Funkempfänger aufgenommenen Geräusche vom eigenen Sender wieder ausgestrahlt werden und zur Erhöhung der Geräuschspannung

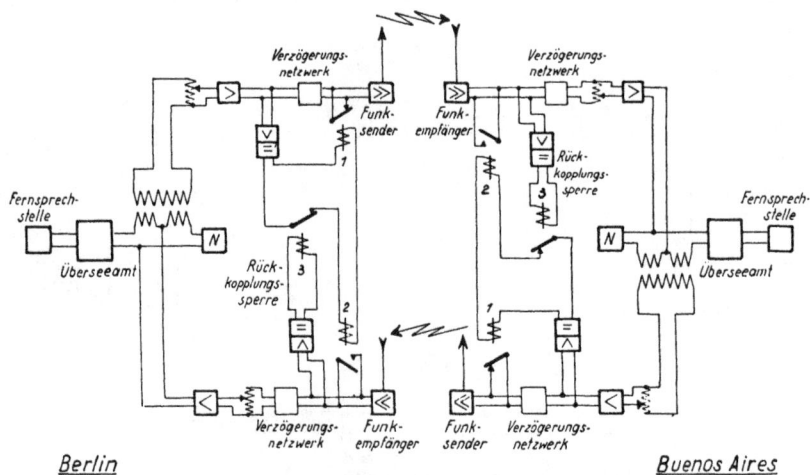

Abb. 30. Sprachgesteuerte Rückkopplungsperre.

beitragen, ferner, um zu verhindern, daß die abgehende Richtung wieder gesperrt wird, solange die Sendung läuft. Die vom fernen Funkempfänger in Buenos Aires aufgenommenen Sprechströme finden den Weg zur eigenen Sprechstelle offen. Um zu verhindern, daß die über die Gabel in Buenos Aires und ihren unvollkommenen Gabelausgleich zum Sender daselbst abgespaltenen Sprechströme den Sendeweg nach Berlin mit Hilfe des Verstärkergleichrichters am Sendeweg (2) öffnen, macht der Verstärkergleichrichter (1) am Empfangsweg mit Hilfe eines dritten Relais (3) den Verstärkergleichrichter am Sendeweg (2) unwirksam. Die rückwärtige Senderichtung bleibt so lange gesperrt, bis die letzten Teile der von Berlin ausgehenden Sendung den Empfangsweg in Buenos Aires durchlaufen haben. Der Echorückfluß der in Buenos Aires ankommenden Berliner Sprechströme nach Berlin wird hierdurch verhindert. Die Verzögerungsnetzwerke im Sende- und im Empfangsweg dienen verschiedenen Zwecken. Im Empfangsweg sollen sie bewirken, daß der Kopf der eingehenden Sendung den Rückweg gesperrt vorfindet, wenn er über die Gabel den Verstärkergleichrichter am Empfangsweg (2) erreicht. Anderseits sollen sie bewirken, daß der Rückweg gesperrt bleibt, bis die letzten Impulse der eingehenden Sendung über die Gabel das Sperrorgan der eigenen Senderichtung erreicht haben. Die Verzögerungsnetzwerke in den Sendewegen in Berlin und Buenos Aires haben den Zweck, den Kurzschluß der Sendeleitung aufzuheben, bevor die ausgehende Sendung die Kurzschlußstelle erreicht, damit nicht die Anfänge der Sendung abgeschnitten werden. Die Relais *1* arbeiten ferner mit einer gewissen Verzögerung, um zu verhindern, daß die letzten Impulse der Sendung nach Durchlaufen der Verzögerungsnetzwerke zu frühzeitig abgeschnitten werden. Die Verzögerungsnetzwerke bestehen z. B. aus Kettenleitern mit Spulen in Reihe und Kondensatoren quer, also aus Drosselketten. Die Vorteile der sprachgesteuerten Schaltungen in einer Funkfernsprechverbindung sind folgende:

1. Bei jeder Sendung sind nur ein Sender und der Empfänger des fernen Amtes wirksam; sie verhindern das Entstehen von Pfeifgeräuschen und Echoerscheinungen sowie die Rückübertragung von Empfängergeräuschen auf den Sendeweg der entgegengesetzten Richtung.

2. Sie erhöhen die Geheimhaltung der Sendung insofern, als auf einer Welle immer nur ein Teilnehmer gehört werden kann. Ohne die Rückkopplungssperre könnte man auf jeder der beiden Wellen beide Teilnehmer sprechen hören.

3. Sie gestatten ferner, daß für beide Übertragungswege dieselbe Welle benutzt werden kann, wie im Langwellenbetrieb New York—London.

4. Sie gestatten endlich, daß die Sender mit größter Leistung arbeiten können, ohne daß eine Gefahr für Rückkopplung und Echo besteht.

Die in Abb. 30 dargestellte Steuerschaltung ist in Amerika gebräuchlich.

Für die deutschen Funkfernsprechstellen ist im Reichspostzentralamt von Dr. Rücklin ein ähnliches System entwickelt worden, das in Abb. 31 dargestellt ist. Es verwendet gleichfalls Relais und ist so eingerichtet, daß im Ruhezustand beide Übertragungswege gesperrt sind. Der Funkempfänger und die Sprechstelle können sich selbsttätig durchschalten, der Funkempfänger zur Sprechstelle und die Sprechstelle zum Funksender unter gleichzeitiger Unterbrechung des entgegengesetzten Übertragungsweges; daneben besteht die Möglichkeit, sowohl den Funkempfänger zur Sprechstelle oder die Sprechstelle zum Funksender dauernd durchzuschalten. Trotz der Verwendung von Relais hat es sich als unnötig erwiesen, Verzögerungsschaltungen vorzusehen. Zunächst hat Rücklin besonders empfindliche Relais mit geringem Ankerhub vorgesehen, außerdem sind besondere Vorkehrungen in der Schaltung der Verstärkergleichrichter getroffen worden, um ein rasches Ansprechen und eine langsame Rückkehr der Schaltrelais R_E und R_S in den Ruhestand zu erzielen. Im Gleichrichterteil ist die Röhre I (Abb. 32) als Ventilgleichrichter geschaltet, der Kondensator C wird, sobald an den Eingangsklemmen eine Wechselspannung auftritt, aufgeladen, und zwar um so schneller, je geringer der Widerstand im Ladekreis ist, der sich aus dem inneren Widerstand der Stromquelle, dem Widerstand der Gleichrichterröhre I und einem etwa eingefügten zusätzlichen Widerstand r_a zusammensetzt. Um auf kurze Ansprechzeiten zu kommen,

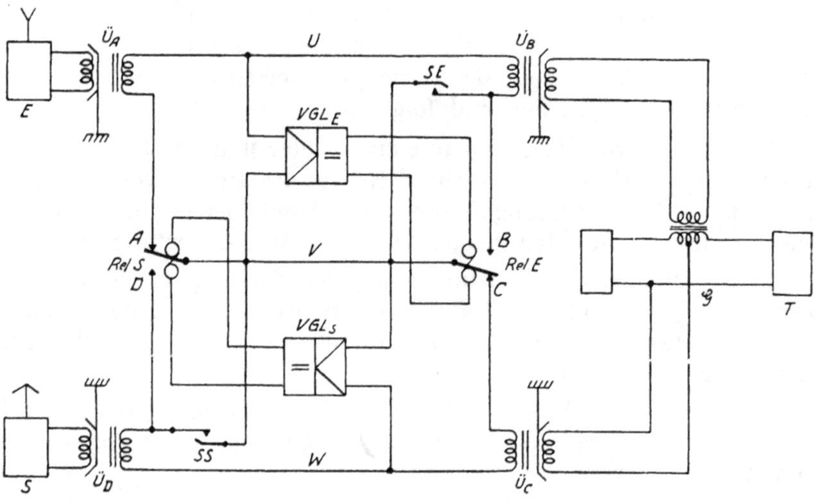

Abb. 31. Rückkopplungssperre.

müssen diese Widerstände, vor allem der innere Widerstand der Stromquelle, klein gehalten werden. Beim Ausbleiben der Sprechströme entlädt sich der Kondensator C über r_n, die Zeit der Entladung ist dem Produkt aus r_n und C proportional. Die Spannung des Kondensators teilt sich dem Gitter der Röhre II mit, in deren Anodenkreis die Wicklung R des Relais liegt, das die Verbindung umschaltet. Durch diese Wicklung fließt also im Ruhezustand ein Strom, der rasch auf einen geringen Wert fällt und nach dem Ausbleiben der Sprachspannung langsam wieder auf den ursprünglichen Wert ansteigt, sobald eine Wechselspannung am Eingang des Gleichrichters auftritt. Die Nachwirkzeit hängt bei dieser Schaltung von der Spannung ab, auf die der Kondensator C aufgeladen wird. Um die Nachwirkzeit vom Sprachpegel unabhängig zu machen, wird die Spannung am Kondensator durch einen besonderen selbsttätigen Regler konstant gehalten. Die Schaltung dieses

Reglers zeigt Abb. 33. Im Ladestromkreis der Röhre *I* befinden sich die Widerstände r_a und r_b. r_a bringt die Ansprechzeit der Anordnung auf den richtigen Wert, r_b ist ein fester Zusatzwiderstand, der beträchtlich größer ist als r_a. Der Widerstand r_b wird im Ruhezustand der Anordnung durch ein Relais R_r kurzgeschlossen. Die Wicklung dieses Relais ist mit der Wicklung des Relais R_t, das die Sprechkreise tastet, in Reihe geschaltet und liegt im Anodenkreis der Gleichspannung-Verstärkerröhre *II*. Beim Auftreten von Sprachspannungen wird der Kondensator *C* so lange aufgeladen, bis die Entladestromstärke gleich der Lade-

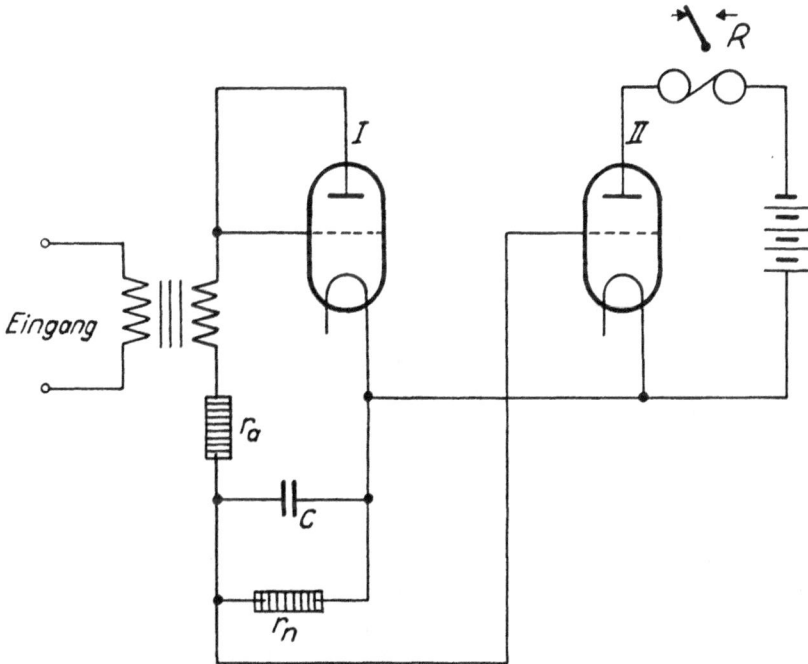

Abb. 32. Gleichrichter der Rückkopplungssperre.

stromstärke wird oder bis das Relais R_r anspricht. R_r schaltet den Widerstand r_b in den Ladestromkreis und verzögert dadurch die Ladung; es schaltet gleichzeitig den Widerstand r_r dem Entladungswiderstand r_n parallel und beschleunigt damit die Entladung. Die Spannung am Kondensator sinkt, bis das Relais R_r wieder in die Ruhestellung übergeht. Die Zunge dieses Relais vibriert also, die Spannung an *C* wird bis auf geringe Schwankungen konstant gehalten. Bei sehr großen Sprachpegeln kann das Relais R_r die Spannung am Kondensator nicht mehr konstant halten; die Relaiszunge legt sich dann während des Sprechens dauernd gegen den rechten Kontakt. Beim Ausbleiben der Ströme wird der Kondensator über r_r und r_n entladen. Der Kondensator entlädt sich zunächst sehr rasch vom Ausgangswert U_o bis zur Ansprechgrenze U_r des Relais R_r. Von diesem Zeitpunkt ab ist der Entladungsweg über r_r unterbrochen, die Spannung fällt langsam weiter auf den Wert U_t, bei dem R_t in die Ruhelage zurückkehrt. Die Nachwirkzeit setzt sich aus den Zeiten t_z und t_{no} zusammen. t_{no} ist die Nachwirkzeit, die die Anordnung besitzt, wenn die obere Grenze des Bereichs, in dem die Relaiszunge schwingt, nicht erreicht wurde. Hierzu kommt eine zusätzliche Nachwirkzeit t_z, während der die Spannung von U_o auf U_r sinkt. Wegen der kleinen Zeitkonstante dieses Entladungsvorganges ist diese zusätzliche Nachwirkung sehr gering. Bei besonders hohen Sprachpegeln spricht die Glimmlampe G an. Über diese Glimmlampe fließt dann ein kräftiger

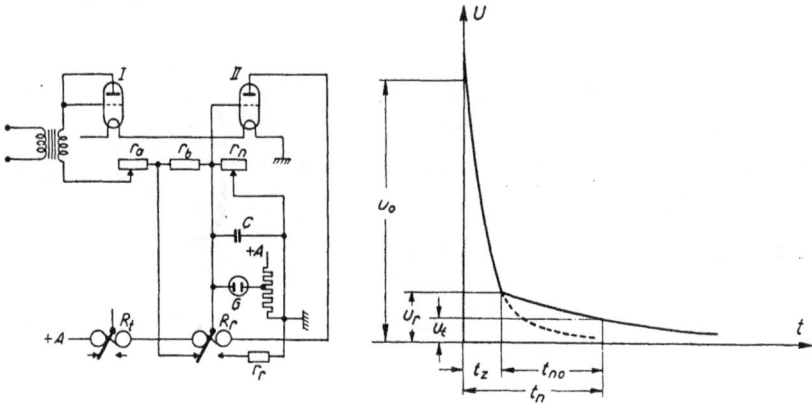

Abb. 33. Regler zum Konstanthalten der Nachwirkzeit.

Entladungsstrom, der die Spannung am Kondensator auf der Ansprechspannung der Glimmlampe hält. Der eine Pol der Glimmlampe ist positiv vorgespannt, damit die Lampe schon bei verhältnismäßig geringen Kondensatorspannungen anspricht. Die Nachwirkzeit wird in einem Lautstärkenbereich von 1:50 auf 20% genau konstant gehalten. Es können Nachwirkzeiten von 50 bis 350 m/s eingestellt werden. Empfangsseitig müssen wegen der Empfangsstörungen kleinere Nachwirkzeiten einstellbar sein. Dem Gleichrichter ist ein zweistufiger Verstärker vorgeschaltet, dessen erste Stufe ein Einröhrenverstärker ist und dessen zweite Stufe in Gegentaktschaltung arbeitet. Der Verstärkungsgrad kann in 17 Stufen von je 0,3 Neper verändert werden. Die Verstärker sind eingangsseitig frequenzabhängig, und zwar in angenäherter Übereinstimmung mit der Frequenzempfindlichkeit des menschlichen Ohres. Durch einen Kondensator parallel zur Gitterwicklung des Vorübertragers ist die Resonanzfrequenz auf etwa 2000 Hz eingestellt; ferner sind die Spannungsteiler am Eingang der Verstärker über kleine Kondensatoren mit den Sprechkreisen gekoppelt. Durch die Anpassung der

Empfindlichkeit der Schaltanordnung an die Ohrempfindlichkeit soll vermieden werden, daß die Rückkopplungssperre auf Frequenzen anspricht, die vom Hörer nicht störend empfunden werden, weil sonst die Gefahr besteht, daß bei subjektiv guten Übertragungsverhältnissen die Verständigung durch Fehlschaltungen der Rückkopplungssperre leidet. Die Einrichtungen zum Regeln der Empfindlichkeit der Verstärkergleichrichter und der Nachwirkzeit sowie die Milliamperemeter zum Beobachten der Vorgänge in den Schaltrelais *Rel S* und *Rel E* sind an einem Überwachungsschrank, von dessen Aufgaben noch zu sprechen sein wird, zusammengefaßt, so daß die Schaltvorgänge bei einem Gespräch fortlaufend beobachtet werden können und bei Störungen für deren schnelle Abstellung gesorgt werden kann. Es sind auch Prüfvorrichtungen vorgesehen, um mit Hilfe von Normalströmen das ordnungsmäßige Arbeiten der Schaltrelais nachprüfen zu können.

Die im deutschen Funkfernsprechbetrieb verwendeten Rückkopplungssperren ermöglichen 3 verschiedene Schaltmöglichkeiten, deren Wahl abhängig ist von dem Betriebszustand des Funkweges und der angeschlossenen Landleitung. In der Mehrzahl der Fälle wird der Empfangsweg im Ruhezustand durchgeschaltet, während die Sprache des Teilnehmers selbsttätig den Sendeweg durchschaltet und gleichzeitig den Empfangsweg sperrt. Diese Schaltung kann angewendet werden, wenn die Sprache des Teilnehmers genügend stark ankommt. Um Störungen der Aussendung durch die Geräusche auf der Funkstrecke zu verhindern, muß man u. U. den Empfang schwächen. Die zweite Schaltmöglichkeit, d. i. Durchschaltung der Sendeseite im Ruhezustand und Sprechsteuerung auf der Empfangsseite, wird angewendet bei günstigen Funkempfangsbedingungen. Von dem Zustand der Landleitungen ist diese Schaltweise nahezu unabhängig. Diese Schaltung verdient auch den Vorzug vor der Schaltung mit durchgeschaltetem Empfang, wenn die in die Landleitungen eingeschalteten Echosperren auf die aus dem Funkweg stammenden Empfangsstörungen im Ruhezustand ansprechen. Da in den Sprechpausen die Störungen von der Landleitung ferngehalten werden, braucht bei dieser Schaltung die Empfangslautstärke nicht herabgesetzt zu werden.

Die dritte Schaltmöglichkeit — Durchschaltung des Empfangs und der Sendung im Ruhezustand — gestaltet die Rückkopplungssperre zu einer Echosperrenschaltung, wie sie in Landleitungen üblich ist. Man kann auf sie zurückgreifen, wenn keine Gefahr der Rückkopplung über das ferne Amt besteht. Diese Schaltung kann z. B. nutzbringend verwendet werden im Verkehr mit Schiffen, auf denen nur eine Sprechstelle vorhanden ist, in der Mikrophon und Fernhörer elektrisch völlig voneinander getrennt sind, wo also keine Gabelschaltung vorhanden ist. Hier kommt es nur darauf an, zu verhindern, daß die vom Schiff kommende Sendung über die Gabel der Landstation echoartig zum Schiff

zurückgelangt und daß das Empfangsgeräusch auf der Landseite gleichzeitig mit der Sendung vom Lande her zum Schiff durchdringt. Letzteres
würde das Verhältnis Nutzlautstärke zu Geräuschstärke ungünstig
beeinflussen.

Außer den beiden relaisgesteuerten Rückkopplungssperren gibt es
noch solche, in denen Elektronenröhren die Aufgabe der Relais über-
nehmen (Abb. 34). Hierin sind x der Sendeverstärker und y der Emp-
fangsverstärker. Im Ruhezustand ist der Verstärker x über den Anodenkreis der Hilfsröhre W so weit negativ vorgespannt, daß er nicht verstärkt, während y bei normaler Gittervorspannung wirksam ist. x wird
dagegen wirksam und y unwirksam, sobald der Teilnehmer zu sprechen

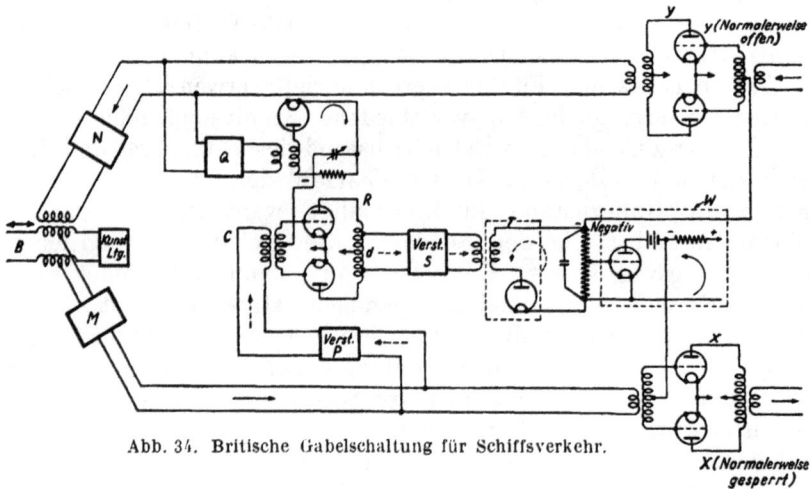

Abb. 34. Britische Gabelschaltung für Schiffsverkehr.

beginnt. Alsdann wird ein Teil der abgehenden Sprechströme abgezweigt, über die Verstärker P, R und S zum Ventilgleichrichter T geleitet und dort gleichgerichtet. Im Widerstand der Speicherschaltung
des Gleichrichters entsteht eine Gleichspannung, die die Vorspannung
des Verstärkers y stark negativ macht, den Verstärker y also sperrt,
während sie den Anodenkreis der Hilfsröhre W vermöge ihrer Gitter-
spannungsverlagerung nahezu stromlos macht, somit dem Verstärker x
die normale Gittervorspannung gibt und ihn wirksam macht. In der
entgegengesetzten Übertragungsrichtung dagegen, in der y wirksam,
x unwirksam ist, wird ein Teil der ankommenden Sprechströme benutzt,
um über den Verstärker Q und die Ventilröhrenschaltung und deren
Speicherschaltung die Gittervorspannung des Verstärkers R so zu ver-
lagern, daß die Sperrschaltung $P + R + S + T + W$ unwirksam bleibt.
Der Rückfluß aus dem Empfangsweg über die Gabel in den Sendeweg
kann daher keinen Einfluß auf die Schaltvorgänge ausüben. Echos und
Empfangsgeräusche werden vom Sender ferngehalten. Die erforderliche

Nachwirkzeit wird durch die einstellbaren Speicherschaltungen sichergestellt. Der Verstärker Q, mit dem die Größe der Gittervorspannung
für den Verstärker R gesteuert wird, ist einstellbar, so daß der Verstärkungsgrad oder die Empfangsempfindlichkeit beim Vorhandensein
starker atmosphärischer Störungen verringert werden kann, um Störungen der abgehenden Sprache zu vermeiden. Auch hier haben sich
Verzögerungsnetzwerke als unnötig erwiesen.

Wie schon aus den bisherigen Ausführungen hervorgeht, sieht die
sprachgesteuerte Schaltung in Funkfernsprechverbindungen einen Ausweg zwischen dem Bestreben, eine möglichst große Nutzlautstärke durch-
zubringen, und dem Bestreben, der auf dem Funkweg unvermeidlichen
Störungen Herr zu werden, zu denen noch deren Rückwirkungen auf die
Landleitungen treten. Es ist eine Eigentümlichkeit aller Funkwege, daß
die Empfangslautstärke großen Schwankungen unterliegt, die langsamer
oder schneller verlaufen und daß Funkwege mehr Geräusche an den
Empfänger bringen als Landleitungen. Auf die Ursachen dieser Schwankungen und Störgeräusche sowie auf ihre Bekämpfung komme ich noch
zurück. Hier will ich nur zeigen, daß die Unsicherheit der Übertragungs-
verhältnisse es als unerläßlich hat erkennen lassen, zwischen dem Funk-
fernsprechweg einschließlich der Landleitungen zum Sender und vom
Empfänger und dem Fernamt, das die Verbindung mit dem Teilnehmer
herstellt, noch eine Dienststelle einzufügen, der die dauernde Fürsorge
für die Sicherung der übertragungstechnisch besten Betriebsverhält-
nisse obliegt. Sie hat dafür zu sorgen, daß die vom Teilnehmer ausgehende
Sprache, bevor sie an den Funksender weiterläuft, soweit zu verstärken,
daß sie den Sender voll aussteuert und mit größtmöglicher Stärke in
den Raum ausgestrahlt wird und daß sie ferner während des Gesprächs
gleichmäßig stark erhalten bleibt. Anderseits muß sie ihre Aufmerksamkeit darauf richten, daß die empfangenen Sprechströme soweit verstärkt
werden, als die Schnelligkeit, mit der die Schwankungen der Empfangslautstärke erfolgen, die unvermeidlichen Störungen auf dem Funkwege,
die Rückwirkung auf die eigene Sendung und der Betrieb der Landleitungen es zulassen. Zu diesem Zweck verfügt die technische Stelle
über Lautstärkeanzeiger für beide Übertragungsrichtungen, über Ge-
räuschspannungszeiger sowie über die schon erwähnten Reguliereiln-
richtungen für die sprachgesteuerten Rückkopplungssperren.

Bevor ich auf die Einzelheiten des Funkweges selbst näher eingehe,
sei noch erwähnt, daß das Fernamt mit dem Funksender und mit dem
Funkempfänger durch Leitungen verbunden wird, deren Übertragungsfähigkeit so gut sein muß, daß sie auf die Übertragungsfähigkeit des
ganzen Übertragungssystems ohne Einfluß bleibt. Hierfür eignen sich
hauptsächlich die leichtbespulten Leitungen im Fernkabelnetz, die
befähigt sind, ein breites Frequenzband von etwa 300 bis 3000 Hz ohne
Verzerrungen irgendwelcher Art zu übertragen. Für den von Berlin

ausgehenden Funkfernsprechverkehr, der sich über die Funkstellen Nauen (Sender) und Beelitz (Empfänger) abwickelt, werden Leitungen in den besonders für den Funkverkehr ausgelegten Pupinkabeln Berlin—Nauen und Berlin—Beelitz benutzt, die Leitungen mittlerer, hoher und besonders hoher Grenzfrequenz enthalten. Für die Weiterschaltung der Funkfernsprechwege über das Fernamt hinaus (in das europäische Fernkabelnetz hinein) gelten die Funkfernsprechwege als Vierdrahtleitungen und werden in der gleichen Weise behandelt wie diese; man benutzt für die Weiterschaltung, soweit es durchführbar ist, Vierdrahtleitungen. Längere Zweidrahtleitungen mit ihren zahlreichen Rückkopplungsstellen sind für die Anschaltung an Funkfernsprechwegen weniger geeignet.

Ich wende mich nun dem eigentlichen Funkwege zu. Der gewaltige Aufschwung im Funkfernsprechverkehr ist der Entdeckung einiger amerikanischer Amateure zu verdanken, die gefunden haben, daß sich mit Hilfe der kurzen Wellen im Bereich von 16 bis 100 m mit verhältnismäßig kleiner Sendeleistung sehr große Entfernungen überbrücken lassen. Die daraufhin angestellten wissenschaftlichen Forschungen haben es als wahrscheinlich erkennen lassen, daß die leichte Fortpflanzungsmöglichkeit der kurzen Wellen darauf zurückzuführen ist, daß die Erde in einer Höhe von 80 bis 130 km oberhalb der Troposphäre und der Stratosphäre von einer leitenden Schicht (Heavyside, Kenelly) oder sogar von mehreren Schichten, der sog. Ionosphäre, umgeben ist, in der die kurzen Wellen sich ohne wesentliche Verluste fortpflanzen, jedoch infolge der Inhomogenitäten der leitenden Schichten Beugungserscheinungen unterliegen und infolgedessen von dort wieder nach der Erde zurückgeworfen werden. Die Ionisation in den Tagesstunden wird, wie ziemlich genau feststeht, durch die ultraviolette Sonnenstrahlung erzeugt und ist wirksam herunter bis zu Höhen von etwa 80 km oberhalb der Erdoberfläche. In den Nachtstunden verschwindet die Ionisation in den unteren Schichten der Ionosphäre, während sie in den höheren Schichten von 100 bis 130 km bestehen bleibt. Die Übertragungsfähigkeit der leitenden Schichten in der Ionosphäre hängt in weitgehendem Maße von der Wellenlänge und von der Tageszeit ab (Abb. 35). Für die Tagesstunden sind die kürzeren Wellen von etwa 15 bis 20 m (d. s. 20000 bis 15000 kHz) geeignet, in den Nachtstunden vom Einbruch der Dunkelheit bis zum Sonnenaufgang geben die längeren Wellen von 30 bis 50 m (d. s. 10000 bis 6000 kHz) bessere Ergebnisse; die kürzeren Wellen versagen in der Nachtzeit. In den Nachtstunden werden im allgemeinen größere Empfangslautstärken erzielt als in den Tagesstunden. Mit der Dauer der Sonnenbestrahlung auf dem Übertragungswege ändern sich die Empfangsverhältnisse für die verschiedenen Wellenlängen. Besonders nachteilig auf die Kurzwellenübertragung wirkt es, wenn die Abenddämmerung, ganz besonders aber, wenn die Morgendämmerung im Zuge des Übertragungsweges der Erdumdrehung folgend voranschreitet. Im Winter werden längere Wellen besser übertragen als im Sommer. Während der langen Sommertage brauchen die Wellenlängen nur wenig gewechselt werden. Die 16-m-Welle (19000 kHz) z. B. verschwindet im Sommer bei Sonnenuntergang noch nicht, sondern ist bis in die Nacht hinein wirksam. Oft kann sie auch nach Mitternacht verwendet werden; aber stets kurz vor Sonnenaufgang setzt sie aus. Im allgemeinen kann man sagen,

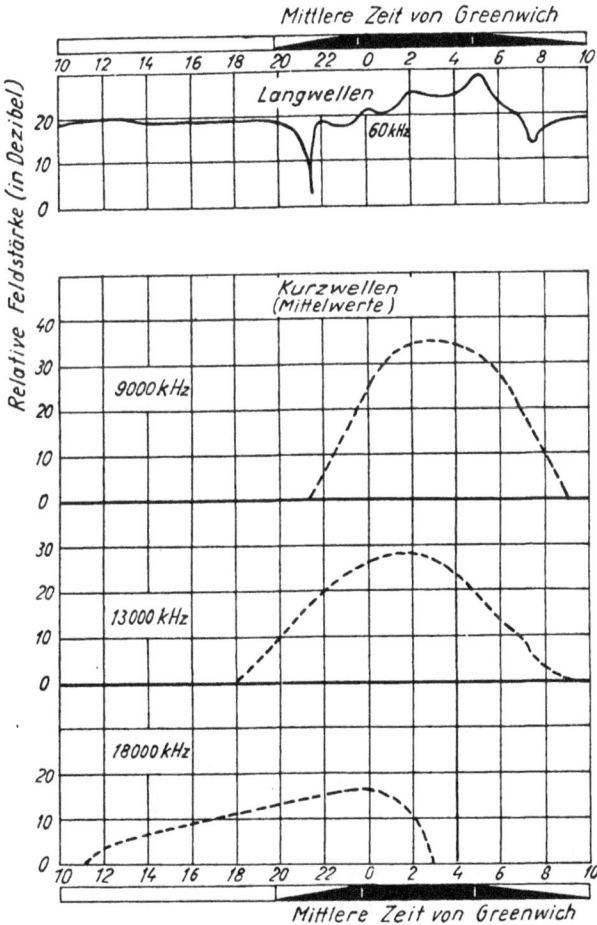

Abb. 35. Empfangsfeldstärken während eines Tages.

daß die Kurzwellenübertragung im Sommer am besten arbeitet. Im Laufe der Jahre machen sich gleichfalls gewisse Änderungen bemerkbar, die von der Sonnentätigkeit und ihrem Einfluß auf die Ionosphäre abhängen.

Die verhältnismäßig kurze, sowohl mit der Tageszeit als auch mit der Jahreszeit wechselnde Benutzbarkeit der kurzen Wellen hat zur

Folge, daß zur Aufrechterhaltung einer langen täglichen Betriebsdauer Sende- und Empfangseinrichtungen für mehrere Wellenlängen bereitgehalten werden müssen. Im englisch-amerikanischen Funksprechverkehr z. B. können 3 bis 4 Wellenlängen 16, 21, 31 und 45 m (d. s. 19000, 14000, 9000 und 6700 kHz) jederzeit eingesetzt werden. Die kurzen Wellen unterliegen in ihrer Gesamtheit erheblichen Störungen, u. U. vollständigen Unterbrechungen sämtlicher kurzen Wellen, wenn sog. magnetische Stürme auftreten, die in der Regel mit Nordlichterscheinungen in den hohen Breiten verbunden sind und die Ionisation in der Ionosphäre stören. Die Störungen sind in der Regel von längerer Dauer; sie können wenige Stunden anhalten, können aber auch tagelang dauern. Auf eine solche Störungszeit folgt eine Erholungszeit, die einen oder mehrere Tage dauern kann, bevor wieder der Normalzustand erreicht wird. In der Ost-West-Richtung sind die magnetischen Störungen stärker und anhaltender, namentlich wenn die Übertragungswege durch polare Regionen verlaufen. In der Nord-Süd-Richtung sind die kurzen Wellen weniger Störungen magnetischen Ursprungs unterworfen als in der Ost-West-Richtung. Treten hier solche Störungen auf, so sind sie von geringer Dauer.

Im Gegensatz zu den kurzen Wellen leiden die langen Wellen, z. B. die 5000-m-Welle der nordamerikanisch-englischen Funkfernsprechverbindung, weniger unter den magnetischen Stürmen; sie sind dagegen namentlich im Sommer atmosphärischen Störungen durch Gewitter unterworfen. Da solche Störungen meistens in den tropischen Gegenden ihren Ursprung nehmen, hat man die Empfangsstellen des Langwellenverkehrs Amerika-England mehr nach den nördlichen Gebieten Amerikas und Englands verlegt, nach Houlton im Staat Maine und nach Cupar in Schottland. Die größere Störungsanfälligkeit der langen Wellen und die geringere Störungsanfälligkeit der kurzen Wellen im Sommer einerseits sowie die größere Störungsanfälligkeit der kurzen Wellen im Winter und die größere Betriebssicherheit der langen Wellen im Winter anderseits sind eine willkommene gegenseitige Ergänzung, die es ermöglicht, im Funksprechverkehr England—Amerika eine fast 24stündige Sprechverkehrsmöglichkeit sicherzustellen.

Neben den atmosphärischen Störungen und den als Folge magnetischer Stürme auftretenden Unterbrechungen der Kurzwellenwege sind es die Schwunderscheinungen (fadings), die namentlich den Kurzwellenbetrieb stark beeinträchtigen (Abb. 36). Man unterscheidet zwei Arten von Schwunderscheinungen, welche sich verschieden auswirken. Die eine Art besteht darin, daß Trägerwellen und Seitenbänder in ihrer Gesamtheit langsamer oder schneller an Intensität verlieren, u. U. zeitweilig ganz verschwinden; sie beruhen, wie man annimmt, auf Änderungen der Ionisation in den leitenden Schichten der Ionosphäre, auf Änderung der Beugungsvorgänge in diesen Schichten und schließlich auf Schwankungen der Polarisationsebene der Wellen. Sie können in den Tiefen der Intensitätsänderung einer Dämpfungszunahme von 4 bis 5 Neper und mehr, d. h. einer Amplitudenänderung im Verhältnis von 50 bis 150:1 entsprechen.

Die Schwunderscheinung der zweiten Art ist eine Interferenz-erscheinung; sie entsteht durch gleichzeitiges Eintreffen der übertragenen Energie auf zwei oder mehreren Wegen verschiedener Länge, wobei sich für die einzelnen Frequenzen des Bandes zwischen den eintreffenden Teilbeträgen verschiedene Phasenverschiebungen ergeben.

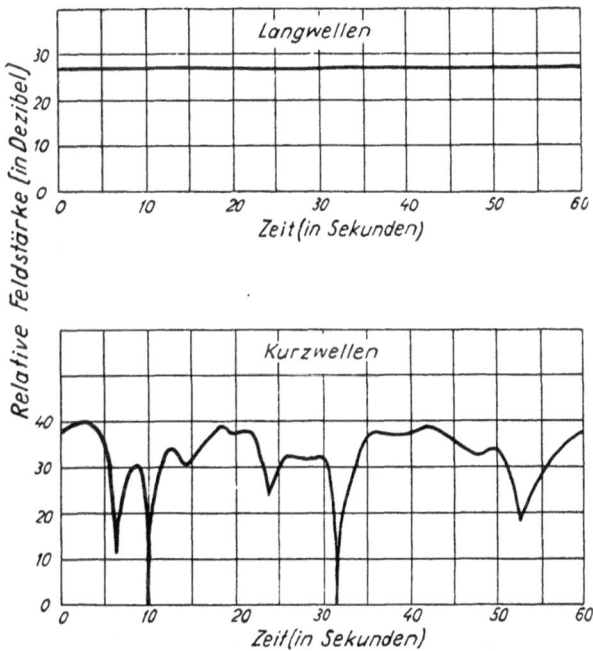

Abb. 36. Empfangsfeldstärken während einer Minute.

Die mehrwegige Übertragung ist wohl darauf zurückzuführen, daß in der Ionosphäre oft mehrere leitende, in dauernder Bewegung befindliche Schichten vorhanden sind. Da sich infolgedessen die Weglängen und damit die Wegunterschiede der in diesen Schichten laufenden und von ihnen nach der Erde zu reflektierten Wellen dauernd und sehr schnell ändern, betrifft diese Schwunderscheinung in schnellem Wechsel die verschiedenen Seitenbandfrequenzen derart, daß Höhen und Tiefen der Feldstärke schnell über das ganze Frequenzband hinreichen (Abb. 37). Wegen des Hervorhebens und Unterdrückens einzelner Sprachfrequenzen hat dieser sog. selektive Schwund eine stark verzerrende Wirkung auf die übertragene Sprache, so daß die Verständlichkeit der übertragenen

Sprache dadurch oft erheblich leidet. Im Endeffekt wirken die Schwunderscheinungen wie eine scheinbare Dämpfungsänderung im übertragenden Medium. Dem selektiven Schwund ist sehr schwer zu begegnen.
Dagegen gibt es Mittel, um den langsameren Gesamtschwund in seiner
Wirkung zu mildern. Diese bestehen in der Verwendung von Verstärkern
mit selbsttätig regelbarem Verstärkungsgrad und in dem sog. Mehrfachempfang über räumlich verteilte Antennen. Auf das letztere Verfahren
komme ich später zurück. Das erstgenannte Verfahren besteht darin,
daß die am Ausgang des Empfänger auftretenden Ströme benutzt werden, um rückwärts das Gitter eines am Eingang des Empfängers liegenden Hochfrequenzverstärkers entsprechend zu beeinflussen, d. h. diesem

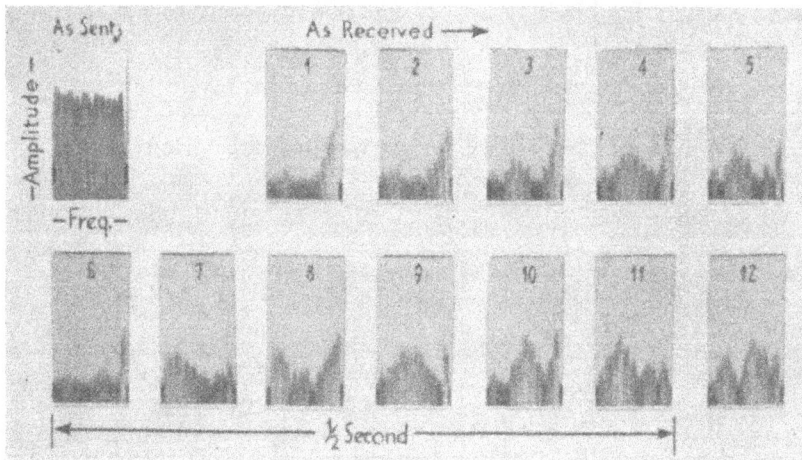

Abb. 37. Schwunderscheinungen.

Gitter ein um so negativeres abriegelndes Potential aufzudrücken, je
stärker die Empfangslautstärke ist. Es ist auch vorgeschlagen und
praktisch erprobt worden, die selbsttätige Regulierung vollständig im
Niederfrequenzteil des Empfängers mit Hilfe einer oberhalb des Sprachbandes liegenden Frequenz durchzuführen, die mit konstanter Amplitude gleichzeitig mit der Sprache über den Sender ausgestrahlt, am
Empfangsort aus dem Frequenzgemisch ausgesiebt und zur Rege-
lung eines die Sprache verstärkenden Hilfsverstärkers mit Hilfe der
Gitterpotentialverlagerung verwendet wurde. Es gelang hiermit,
einen großen Teil der praktisch vorkommenden Schwunderscheinungen
zu erfassen und ziemlich weitgehende Amplitudenschwankungen auszu-
gleichen, wenn sie nicht in kürzeren Zeiten als etwa 50 m/s vor sich
gehen; sie versagt natürlich, wenn die Hilfsfrequenz vom Schwund
erfaßt wird.

Ein anderes Mittel besteht darin, daß zur Demodulation der Sprachseitenbänder nicht die übertragene, sondern eine am Empfänger künstlich zugesetzte Trägerwelle verwendet wird. Da man bei künstlichem Zusatz der Trägerwelle am Empfangsort nur eines der beiden Seitenbänder verwerten darf, um von der unerfüllbaren Bedingung absoluter Frequenz- und Phasengleichheit der wirklichen und der künstlichen Trägerwelle freizukommen, müssen Trägerwelle und ein Seitenband ganz unterdrückt werden. In einem solchen System mit künstlicher konstanter Trägerwelle am Empfangsort werden die Amplitudenschwankungen des Sprachbandes beträchtlich verringert. Nebenbei hat ein solches System den Vorzug, daß das Seitenband mit größerer Leistung ausgestrahlt werden kann, als wenn die Trägerwelle mit übertragen würde.

Alle bisher beschriebenen Maßnahmen zur Bekämpfung der Schwunderscheinungen setzen voraus, daß in den Tiefen des Schwundes, wenn also die Empfangslautstärke auf einen Mindestwert gesunken ist, die Amplituden der ankommenden Wellen nicht unter den Störspiegel sinken. In diesem Zustand hat eine erhöhte Verstärkung keinen Zweck mehr. Man muß dann dafür sorgen, die Tiefen des Schwundes über den Störspiegel zu heben. Dies ist möglich durch eine Vergrößerung der ausgestrahlten Leistung, und zwar entweder durch Verwendung stärkerer Sender oder durch Bereitstellen von Antennen, die die ausgestrahlten Energien in ein scharf gerichtetes Strahlenbündel zusammendrängen. Ähnliches gilt auch für die Empfangsantennen, die so zu bemessen sind, daß sie nur die aus einer bestimmten Richtung kommenden Wellen aufnehmen, und zwar mit möglichst großem Wirkungsgrad. Neuzeitliche Antennen mit Richtwirkung, sog. Strahlwerfer, bestehen aus einer größeren Zahl von Dipolen, die im bestimmten Abstand neben- oder übereinander in einer Ebene angeordnet werden. Schon ein einfacher Dipol, senkrecht oder horizontal ausgespannt, hat eine gewisse Richtwirkung. Grundsätzlich kann man das Ziel, ein Strahlenbündel durch Gruppierung von Einzelantennen u. a. dadurch erreichen, daß man eine Gruppe von n Strahlungselementen in gegenseitigem Abstand von einer halben Wellenlänge in einer Geraden nebeneinander anordnet, z. B. in der Geraden A (Abb. 38). Werden die Strahlungselemente gleichphasig gespeist, so ergibt sich eine Strahlung, dessen Diagramm eine Scheibe um die Mitte der Längsachse der Gruppe darstellt. Die Energie wird nach allen Seiten um die Achse herum quer zu ihr ausgestrahlt. Ordnet man nun senkrecht zur Achse der Reihengruppe von n Elementen, also in Richtung der Geraden B, andere Reihengruppen von n Elementen so an, daß eine Ebene mit n^2 Elementen, entsteht, so ergibt sich eine Gesamtstrahlung in Richtung der Mittelsenkrechten zur Strahlerebene nach vorn und nach hinten. Man kann sich das resultierende Strahlungsdiagramm entstanden denken aus dem Schnitt der beiden Strahlungsscheiben um die Achsen B und A (Abb. 39). Man erhält somit zwei Strahlungskegel senkrecht zur Strahlungsebene, deren Hauptstrahlungs-

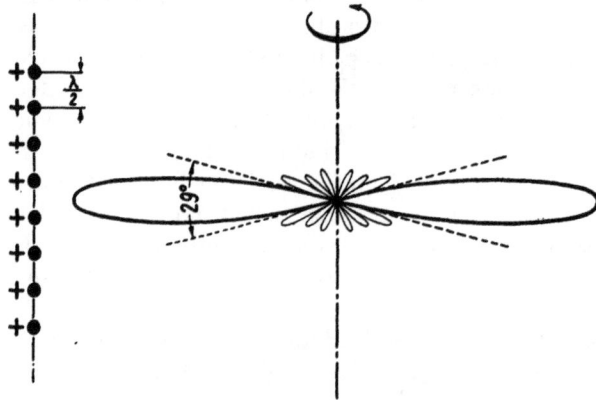

Abb. 38. Richtantenne.

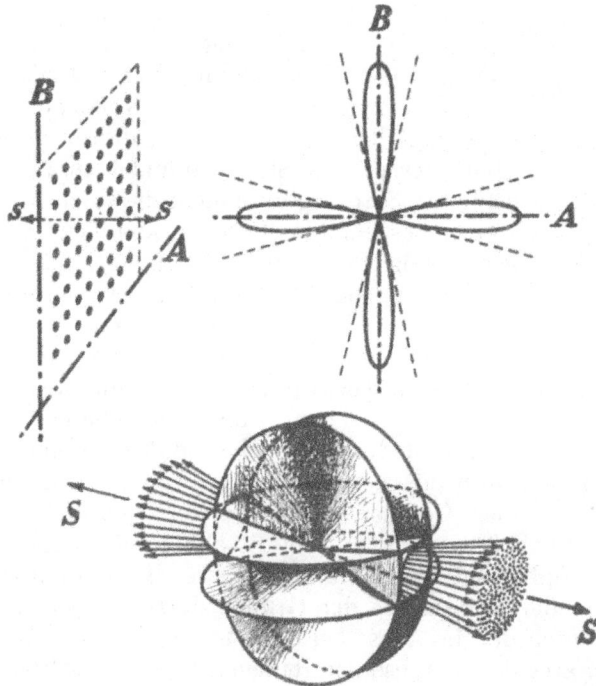

Abb. 39. Richtantenne.

richtungen senkrecht zur Strahlerebene stehen und einen gestreckten Winkel miteinander bilden. Außerhalb dieser Strahlungskegel kann keine Strahlung vorhanden sein; die horizontal angeordneten Strahlen-

elemente drängen die Strahlung in symmetrischer Anordnung senkrecht
zur horitontalen Strahlergruppe *A* zusammen; die vertikal angeordneten
drängen sie in symmetrischer Anordnung horizontal zur senkrechten
Strahlergruppe *B* zusammen. Je größer die Zahl der horizontal und der
vertikal angeordneten Strahlerelemente ist, um so enger wird die Strahlung in ein Strahlenbündel zusammengepreßt. Bei 8×8 Strahlerelementen ergibt sich z. B. ein Öffnungswinkel von 29°, bei 16×16
ein solcher von 14°. Die von der Strahlerebene in entgegengesetzter
Richtung ausgehenden beiden Strahlenbündel erreichen bei ihrer Fortpflanzung jetzt die leitenden Schichten der die Erde umhüllenden Ionosphäre auf zwei Wegen und führen dort zu Interferenzerscheinungen.

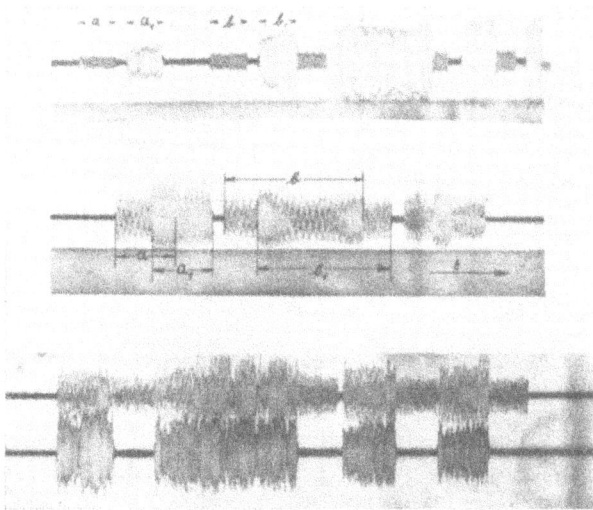

Abb. 40. Einfluß des Reflektors.

Um das zu vermeiden, wird das eine der beiden Strahlenbündel unterdrückt, indem man parallel zur Strahlerebene im Abstand einer Viertel-
Wellenlänge eine Reflektorebene von Strahlerelementen anordnet,
indem also jedem dieser Elemente durch besondere Speisung Strom und
Phase so aufgezwungen wird, daß seine Schwingung um 90° hinter der
Schwingung des Reflektorelements zurückbleibt und dieser in der Amplitude gleicht. Hierdurch wird die denkbar vollkommenste Abschirmung
der rückwärts übertragenen Energie erreicht, wie dies aus der Abb. 40
hervorgeht, die die Verwischung von Telegraphierzeichen erkennen läßt,
wenn der Reflektor nicht vorhanden ist und wenn der Reflektor wirksam
ist. Die Strahlerelemente sind horizontal oder vertikal angeordnete
Dipole. In Deutschland werden horizontal angeordnete Dipole verwendet,
nachdem erkannt worden ist, daß horizontale Polarisation der ausge-

strahlten Wellen der vertikalen Polarisation überlegen ist. In Abb. 41 ist
ein solcher Strahlwerfer mit horizontal angeordneten Dipolen dargestellt.
Für den Sprechverkehr mit Südamerika auf der Tageswelle 15 m werden
z. B. Strahlwerfer aus 2 × 48 strahlenden Dipolen verwendet, die an 75 m
hohen Masten in 16 Gruppen nebeneinander und 6 Reihen übereinander
angeordnet sind (Abb. 42). Damit wird eine Energieverstärkung am
Empfangsort um das 400fache eines einfachen vertikalen Dipols erzielt.
Die Empfangslautstärke wächst mit zunehmender Zahl der Dipole. Auch
für den Empfang werden Antennen mit starker Richtwirkung benutzt,
und zwar in derselben Bauweise wie die Sendeantennen. Die Empfangs-
richtantennen mit Reflektor nehmen rückwärts einfallende Wellen nicht
auf, sie nehmen vielmehr nur die von vorn einfallenden Wellen auf,
deren Richtung mit der Strahlrichtung der Antenne als Sendeantenne

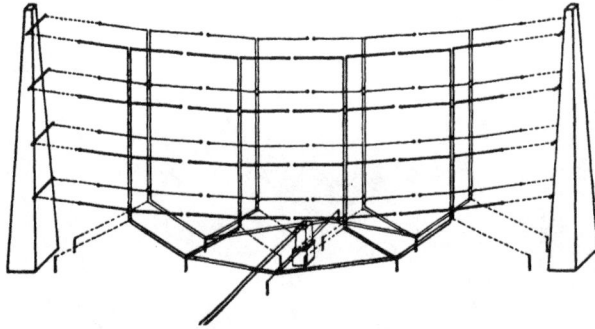

Abb. 41. Telefunken Richtantenne mit horizontalen Dipolen.

übereinstimmt; sie nehmen Geräusche auch nur aus dieser Richtung
auf und geben damit ein gutes Verhältnis von Nutzlautstärke zur Geräuschstärke.

Die Amerikaner verwenden neuerdings einfachere Antennen, die an
Telegraphenstangen aufgehängt und in der Form eines Rhombus ausgespannt sind. Auch sie haben eine, wenn auch nicht so stark ausge-
prägte Richtwirkung. Hier angestellte Versuche haben aber gezeigt,
daß ihr Wirkungsgrad nicht so günstig ist wie der unserer vielgliedrigen
Strahlwerfer. Rhombusantennen werden in Amerika sowohl als Strahlwerfer als auch als Empfangs-Richtantennen verwendet.

In der seit 1927 im Betrieb befindlichen Langwellenverbindung für
den Überseesprechverkehr London—New York wird eine gewöhnliche
Sendeantenne ohne Richtwirkung benutzt. In der zweiten, im Aufbau
begriffenen Langwellenverbindung London—New York dagegen wird
eine sog. Wellenantenne als Strahler dienen, wie man sie für den Empfang
seit 1927 benutzt hat. Die Wellenantenne ist eine einfache, etwa 5 km
lange Doppelleitung an Telegraphenstangen in gerader Linie mit der
Richtung nach der Gegenstation; sie ist am äußersten Ende über den

für die Wellenlänge passenden Wellenwiderstand geerdet. Zur Verbesserung des Richtempfanges werden mehrere Wellenantennen in einiger Entfernung voneinander und parallel zueinander benutzt. Wie schon erwähnt, sind die Empfangsanlagen soweit wie möglich in nördlichen Teilen Englands und Amerikas eingerichtet, um sie den Einwirkungen der vornehmlich in den tropischen Gegenden auftretenden atmosphärischen Störungen zu entziehen.

Abb. 42. Süd-Amerika-Strahler.

Um die Schwunderscheinungen noch wirksamer zu bekämpfen, bedient man sich im Kurzwellenbetrieb neuerdings des Mehrfachempfangs, nachdem erkannt worden ist, daß die Schwunderscheinungen ganz verschieden auftreten, wenn man über Antennen empfängt, die nur etwa 300 bis 400 m voneinander stehen. Für die Telegraphie und den Rundfunkempfang hat die Radio Corporation of America erstmalig sich des Mehrfachempfangs über 3 Antennen bedient, die in den Eckpunkten eines gleichzeitigen Dreiecks von 300 m Seitenlänge aufgestellt waren. Jede Antenne ist mit einem eigenen Funkempfänger ausgerüstet, und erst nach der Demodulation werden die 3 Empfänger parallel geschaltet. In der Telegraphie, die mit schmalem Frequenzband arbeitet, hat dieses Betriebsverfahren einen durchschlagenden Erfolg gezeigt. Für den Funkfernsprechdienst eignet sich dieses Verfahren nicht ohne weiteres, weil es nicht sichergestellt ist, daß bei der Zusammenschaltung auf der Niederfrequenzseite durch den Phasenunterschied keine gegenseitigen Störungen, Auslöschungen von Frequenz- und Frequenzgebieten ein-

4*

treten. Man verwendet den Mehrfachempfang für Rundfunk und Gespräche in der Weise, daß jeweils der Empfänger mit stärkstem Empfang die beiden anderen weniger stark aufnehmenden Empfänger ausschaltet oder ihre Wirksamkeit herabsetzt.

Für die betriebssichere Überbrückung der großen Übersee- und Überlandentfernungen werden im Kurzwellenbetrieb Röhrensender verwendet mit einer an den Strahlwerfer abgegebenen Leistung von 20 bis 24 kW und einer Telephonieleistung von etwa 7 bis 9 kW bei 100proz. Modulation. Diese von Telefunken und C. Lorenz gelieferten Kurzwellensender werden vielstufig ausgeführt (Abb. 43). Dabei schwingt die kristallgesteuerte Empfangsstufe mit ganz kleiner Leistung (etwa 1 W) in einer unterharmonischen Frequenz der Ausgangswelle. Diese Kristall-

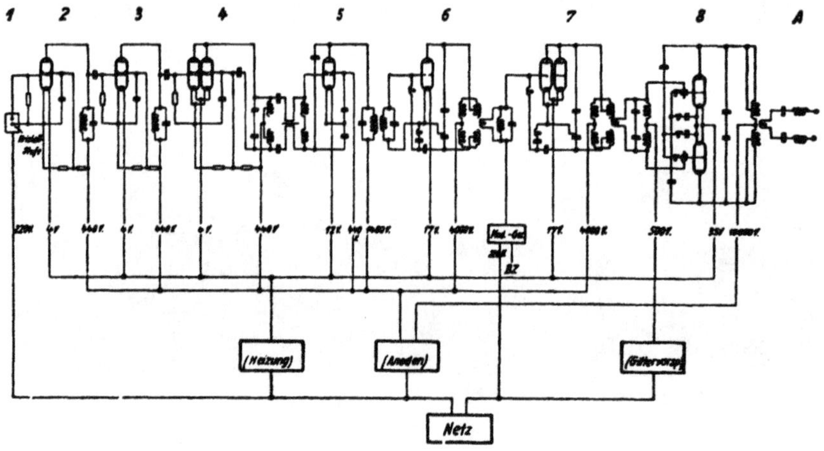

Abb. 43. 20-kW-Kurzwellensender.

stufe (im Bild die erste Stufe links) wird heute stets in einem Thermostaten untergebracht und dadurch temperatur- und frequenzkonstant gehalten. Interessant ist eine neue Thermostatenform, die Telefunken für Langwellen- und Kurzwellenrundfunksender herausgebracht hat. Die Fassung des Quarzes einschließlich Heizwicklung ist in einer luftdicht abgeschmolzenen Glasbirne untergebracht. Die Steuerung der Heizwicklung erfolgt über eine sinnreiche Brückenschaltung. Diese neue Anordnung ergibt eine äußerst hohe Frequenzkonstanz, so daß man sie auch für Synchronisation von Rundfunksendern im Gleichwellenbetrieb verwenden kann.

Die Modulation der Kurzwellentelephoniesender kann nach verschiedenen an sich bekannten Methoden erfolgen. Man moduliert meistens in einer Vorstufe durch Beeinflussung der Gitterspannung oder des Gittergleichstromes.

Auf die Kristallstufe folgen mehrere Energieverstärkerstufen, die gleichzeitig die Frequenz ein- oder mehrere Male verdoppeln und sie so auf die Endfrequenz steigern. Die als reine Verstärkerstufe arbeitende Endstufe enthält wassergekühlte Röhren hoher Leistung (Abb. 44).

Da beim Übersee-Fernsprechen mit Rücksicht auf Störspiegel und Schwund möglichst große Empfangslautstärken erwünscht sind, versucht man jetzt, die Leistung der Kurzwellentelephoniesender noch weiter zu steigern. Telefunken hat neuerdings einen Sender entwickelt, der 50 kW maximale Hochfrequenzleistung und 20 bis 25 kW Telephonieleistung abgeben kann. Ein solcher Sender wird zur Zeit in Nauen aufgestellt. Die Kurzwellensender haben, wie die Abb. 45 und 47 zeigen, eine vollkommene geschlossene Bauart; die Schwingungskreise befinden sich in metallisch abgeschirmten Kästen. Zum Betrieb des Senders gehören mehrere Umformer und ein Gleichrichter, der die Anodenspannung der Endstufe liefert. Der Sender strahlt die Trägerwelle und die beiden Seitenbänder aus. Es gibt auch Modulationsschaltungen, bei denen die Trägerwelle und ein Seitenband unterdrückt werden; dieses Modulationsverfahren hat den Vorzug, daß das übertragene Seitenband auf größere Leistung gebracht werden kann, als wenn die Trägerwelle mit übertragen wird. Die sonstigen Vorzüge, insbesondere den schwundfreien Empfang, habe ich schon gestreift.

Die Kurzwellensender auf den Ozean-Fahrgastschiffen entwickeln eine Trägerwellenleistung von 500 W in der Antenne. Die Modulationsschaltung weicht etwas von der in Landstationen üblichen Schaltung — wenigstens bei den

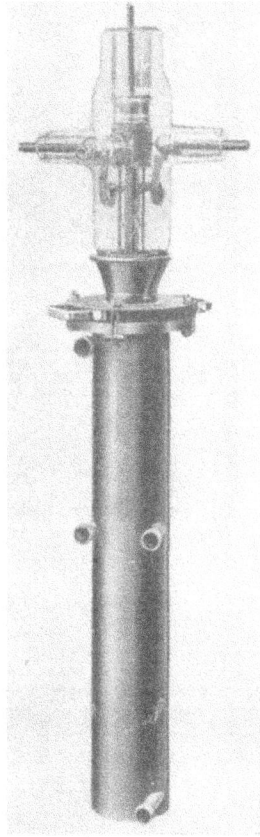

Abb. 44. Telefunken-Senderöhre RS 268.

deutschen Schiffen — insofern ab, als die Trägerwelle, so lange nicht gesprochen (also nicht moduliert) wird, unterdrückt wird. Dies hat den Zweck, zu verhindern, daß in den Sprechpausen Kratzgeräusche beim Empfang auf den Schiffen hörbar werden. Diese Kratzgeräusche entstehen durch unsichere Verbindung der auf dem Schiff befindlichen und vom Sender zum Mitschwingen erregten Metallteile untereinander und mit der See.

Der Langwellensprechverkehr London—New York erfordert wesentlich größere Leistungen, und zwar etwa 200 kW, die bisher durch Parallel-

Abb. 45. Nauen, Kurzwellensender.

Abb. 46. 20-kW-Lorenz-Doppelkurzwellensender Nauen.

schaltung einer großen Zahl von Röhren erzeugt wird, neuerdings durch Röhren größerer Leistung. Hier wird die Trägerwelle unterdrückt. Moduliert wird zweimal: einmal mit der Frequenz 31,75 kHz und 90 kHz. Übertragen wird nur das Band 58,55 bis 61,25 kHz; die übrigen Teilbänder werden mit Hilfe von Filtern unterdrückt. Beim Empfang werden diese Hilfsträgerfrequenzen wieder zugesetzt.

An Kurzwellenempfänger werden besondere Anforderungen bezüglich Verstärkungsgrad, Selektion und Unempfindlichkeit gegen äußere Einflüsse gestellt. Die in Beelitz und Norddeich verwendeten sog.

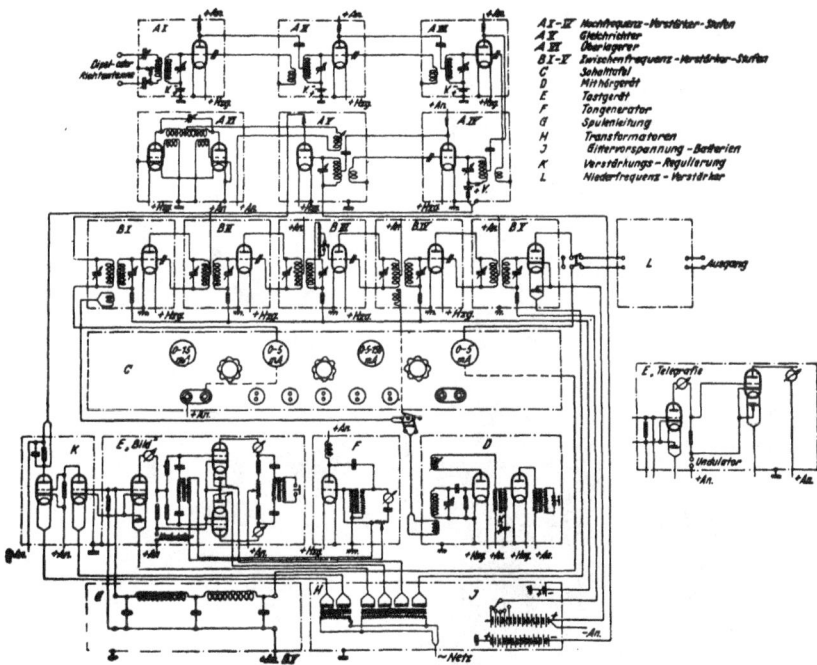

Abb. 47. Kurzwellen-Empfänger.

Großempfänger für Überseefernsprechen und Fernsprechen mit Schiffen in See enthalten Einrichtungen für Hoch-, Zwischen- und Niederfrequenzverstärkung. In den 4 Hochfrequenz-Verstärkerstufen (Abb. 47) wird die hochfrequente Empfangsamplitude im Verhältnis von 1:500 bis 1:1000 gesteigert und gleichzeitig die nötige Vorselektion zur Erzielung der Eindeutigkeit erreicht. Die verstärkte Empfangsenergie wird auf ein Mischrohr geleitet. Auf dieses arbeitet ein gegen mechanische und elektrische Schwankungen sehr unempfindlicher Überlagerer. Der darauf folgende fünfstufige Zwischenfrequenzverstärker besitzt 10 induktiv gekoppelte Schwingkreise, durch welche die notwendige Selektion auf die gewünschte Telephoniebandbreite (5000 bis 10000 Hz) erzielt wird.

Den Abschluß bildet eine Gleichrichterröhre, an die ein Niederfrequenz-verstärker bzw. das Telephoniezusatzgestell angeschlossen werden kann. Der Gesamtverstärkungsgrad ist 10^6 bis 10^7. Dementsprechend ist die

Abb. 48. Kurzwellen-Empfänger.

Empfindlichkeit bis auf Eingangsamplituden von der Größe des thermi-schen Rauschens des Eingangskreises gesteigert. Der Empfangspegel, der infolge des Schwundes leicht im Verhältnis 1:100 und mehr schwan-ken kann, wird durch eine selbsttätige Regulierung im Verhältnis 1:1000

Abb. 49. Sendeanlage in Nauen.

Abb. 50. Empfangsanlage in Beelitz.

konstant gehalten. Die im Schaltschema unten angedeuteten Apparate (nämlich Mithörgerät und Tastgerät) sind Ergänzungseinrichtungen für Überwachung und Telegraphieempfang.

Abb. 48 zeigt das Äußere eines Kurzwellenempfängers mit Telephoniezusatz, Abb. 49 und 50 zeigen das Innere der Sendeanlagen in Nauen und der Empfangsanlagen in Beelitz. Abb. 51 und 52 zeigen die räumliche Anordnung der Strahlwerfer und Richtempfangsantennen in Nauen und Beelitz. Diese Anlagen dienen dem Überseefunksprechverkehr mit fernen festen Landstationen. Für den von Deutschland ausgehenden Überseerundfunkverkehr stehen in Zeesen bei Königswuster-

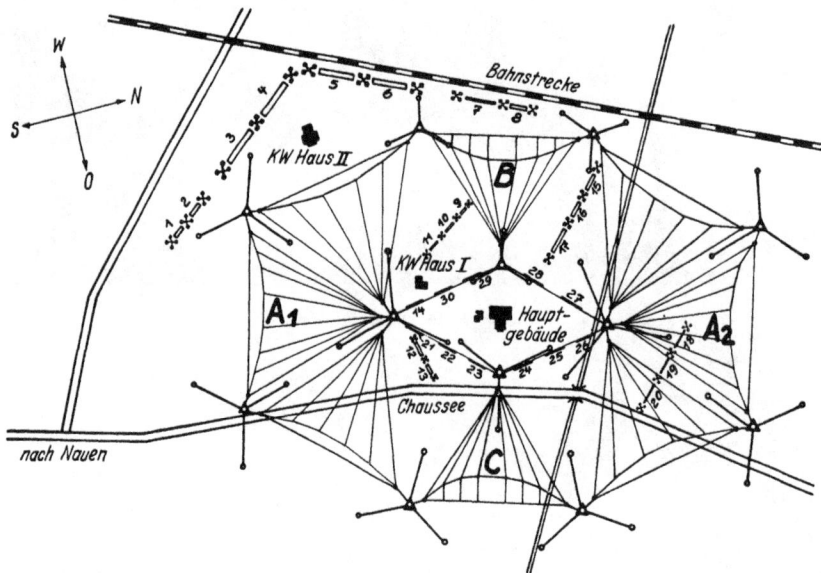

Abb. 51. Strahlwerfer in Nauen.

hausen 2 Kurzwellensender mit mehreren Strahlwerfern, von denen einige (3) nach Nordamerika und andere nach Südamerika orientiert sind. Der Rundfunkkurzwellenempfang erfolgt über die Empfangsstelle Beelitz, meistens unter Ausnutzung des schon erwähnten Mehrfachverfahrens über mehrere räumlich getrennte Richtantennen und mehrere Empfänger.

Für den Funkfernsprechweitverkehr mit Ozeanfahrgastschiffen stehen in Norddeich Kurzwellensende- und -empfangsanlagen bereit, die über das Telegraphenamt Emden mit den Landleitungen verbunden werden. Die Richtwirkung dieser Strahlwerfer und Richtempfangsantennen ist mit Rücksicht auf den wechselnden Standort der Schiffe nicht so ausgeprägt. Auf den Schiffen werden einfache Dipole in senkrechter und horizontaler Anordnung verwendet. Für den Funkfernsprechverkehr auf nahe Entfernung mit den Schiffen in der Nord- und Ostsee bestehen Küstenfunkstellen in der Nähe von Cuxhaven (Elbe-Weser-Radio) und auf der Insel Rügen bei Lohme; sie arbeiten mit geringeren Leistungen und Wellenlängen im Bereich von 100 bis 200 m.

Der Funkfernsprechweitverkehr, namentlich der mit Hilfe kurzer Wellen, ist verhältnismäßig leicht abhörbar. Um die Geheimhaltung

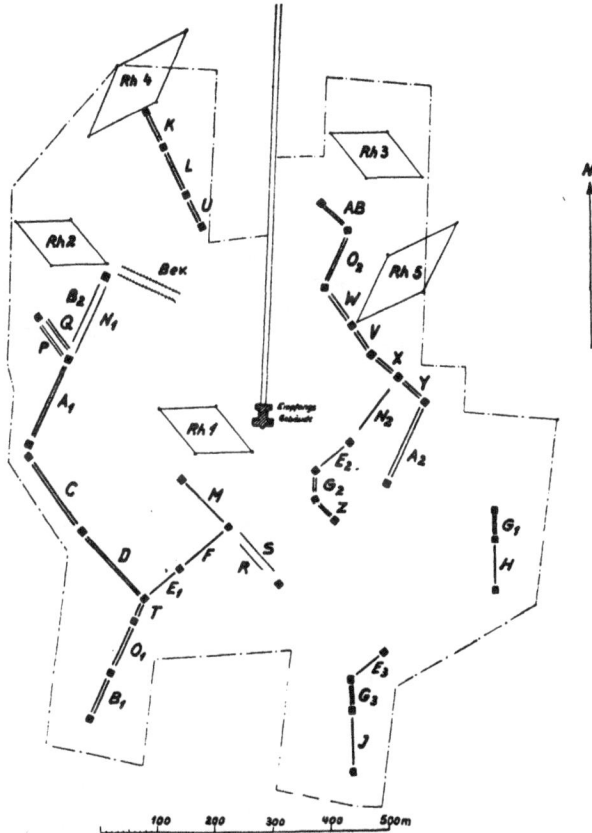

Abb. 52. Richtungsempfang in Beelitz.

der Funkgespräche zu sichern oder zum mindesten, um das Abhören durch Unbefugte zu erschweren, werden neuerdings besondere Vorkehrungen getroffen. Sie bestehen vorwiegend in Veränderungen in der Lage des Sprachfrequenzbandes im ganzen und in Teilen innerhalb des Tonspektrums, ferner in periodischen Veränderungen der hochfrequenten Trägerwelle u. a. m. Die Wiedergabe der großen Zahl von Schaltungen für die Geheimhaltung der Funkgespräche würde hier zu weit führen.

Nun noch einiges zum Ausmaß, in dem das Funkfernsprechen praktisch Verwendung gefunden hat (Abb. 53). Die wichtigste Funkfernsprechverbindung, ist die zwischen London—New York, auf der in 1, künftig 2 Langwellen- und 3 Kurzwellenkanälen gearbeitet wird. Auf englischer Seite stehen die Sender in Rugby (70 km nördlich London), die Empfänger in Cupar (Schottland) bzw. Baldock (30 km von London), auf amerikanischer Seite die Sender in Rocky Point (Long Island) — Langwellensender — und Lawrenceville (New Jersey) — Kurzwellensender —, der Empfänger für den Langwellenbetrieb in Houlton (Maine), für den Kurzwellenbetrieb in Netcong (New Jersey). Auf dieser Funksprechverbindung wird nahezu durchgehender Betrieb aufrechterhalten.

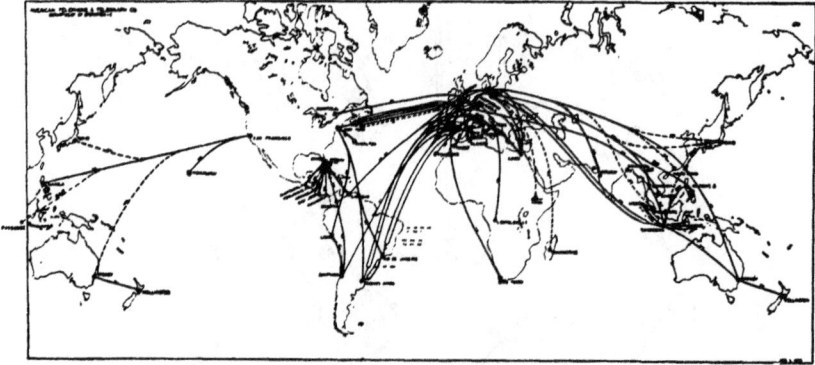

Abb. 53. Funk-Fernsprechverbindungen 1933.

Diese Verbindung dient auch über die Drahtleitungen von Berlin, Hamburg, Köln, Frankfurt a. M. usw. nach London dem deutsch-amerikanischen Verkehr. Da wir nur mit 6 v.H. an dem europäisch-nordamerikanischen Sprechverkehr beteiligt sind, hat die American Telephone and Telegraph Co. es bisher abgelehnt, einen unmittelbaren Funkfernsprechverkehr mit Deutschland aufzunehmen. Deutschland betreibt über die Nauener Funksender und die Empfangsstelle in Beelitz Funkfernsprechverkehr mit Argentinien, Brasilien, Venezuela, den Philippinen, Siam, Niederl. Indien und Ägypten. Zur Zeit machen wir Versuche mit Tokio (Japan). Mit Nordamerika stehen wir nur für den Rundfunkprogrammaustausch auf dem Kurzwellenwege in unmittelbarer Verbindung. Die Sender stehen in Zeesen, die Empfänger in Beelitz. Die Gegenstationen, d. s. die der Radio Corporation of America bzw. der National Broadcasting Co., stehen in Rocky Point (Sender) und Riverhead (Empfänger) sowie in Schenectady (Sender) und in New York (Empfänger). Über die Funkfernsprechwege Berlin—Buenos Aires, Berlin—Rio de Janeiro, Berlin—Maracay und London—New York steht Deutschland jetzt mit fast ganz Süd- und Mittelamerika in Fernsprechverbindung. Es ist auch

möglich und wird praktisch benutzt, zwei Funkfernsprechwege miteinander zu verbinden. So unterhält u. a. Bangkok über Berlin—London
einen Funkfernsprechverkehr mit New York. Es hat sich ferner die
Praxis eingebürgert, daß einzelne Stationen, z. B. Buenos Aires, Rio de
Janeiro, Marcay (Venezuela) mit mehreren europäischen Verkehrs-
zentren auf derselben Sendewelle in Verbindung stehen. Die Empfangsanlagen europäischer Zentren sind zu verabredeten Betriebszeiten emp-
fangs- und sendebereit. Auf einen mehrere Male mündlich wiederholten
Anruf nimmt dann die angerufene Stelle den Verkehr auf. Deutschland
unterhält ferner Funksprechverkehr mit einer Reihe von Ozeanfahrgastschiffen, darunter mit den deutschen Schiffen Bremen, Europa, den
4 Schiffen der Ballinklasse (Alb. Ballin, Deutschland, Hamburg, New
York) und mit einer Reihe englischer und amerikanischer Schiffe, ferner
im Nahverkehr mit den Fährschiffen nach Dänemark und Schweden
sowie mit Fischereifahrzeugen in der Nord- und Ostsee.

Die Betriebszeiten sind außer von der Brauchbarkeit der einzelnen
Kurzwellen auch von den Zeitunterschieden zwischen den beiden Orten
abhängig, die im Funkfernsprechverkehr stehen. Die asiatischen Stationen arbeiten, entsprechend der voreilenden Zeit, mit uns meistens in
den frühen Vormittagsstunden, die amerikanischen in den Abendstunden,
d. s. diejenigen Stunden, in denen sich die täglichen Arbeitszeiten und
Bürostunden einander überlappen. In den mehr nordsüdlich verlaufen-
den Verkehrswegen ist die Übereinstimmung der Arbeitszeiten größer
und deshalb die Betriebszeit länger. Die Verkehrsentwicklung auf den
Funkfernsprechwegen wird etwas gehemmt durch die Höhe der Gebühren. Ein Dreiminutengespräch kostet 80 bis 120 RM. Es ist nicht
möglich, mit den Gebühren unter 80 RM. herunterzugehen, weil hiermit
gerade die Selbstkosten unter der Annahme eines regen Verkehrs gedeckt werden. Sie werden meinen Ausführungen entnommen haben,
welche großen technischen Aufwendungen gemacht werden müssen, um
einen guten Funkfernsprechbetrieb auf große Entfernungen zu erzielen,
und werden ermessen können, daß Funkferngespräche nicht so billig
sein können wie Gespräche auf Landleitungen.

II. Geschichte und Organisation des Weltfernsprechens.

Als Geburtstag des Fernsprechers ist der 26. Oktober 1861 anzusehen. An diesem Tage hielt Philipp Reis im Physikalischen Verein in Frankfurt a. M. einen Vortrag. Er nannte seinen Apparat „Telephon", der bei günstiger Einstellung die Sprache überträgt. Abb. 54 zeigt seine Apparatur, links den Sender und rechts den Empfänger. Der erste elektromagnetische Fernhörer bedeutet den Beginn der Fernsprech-

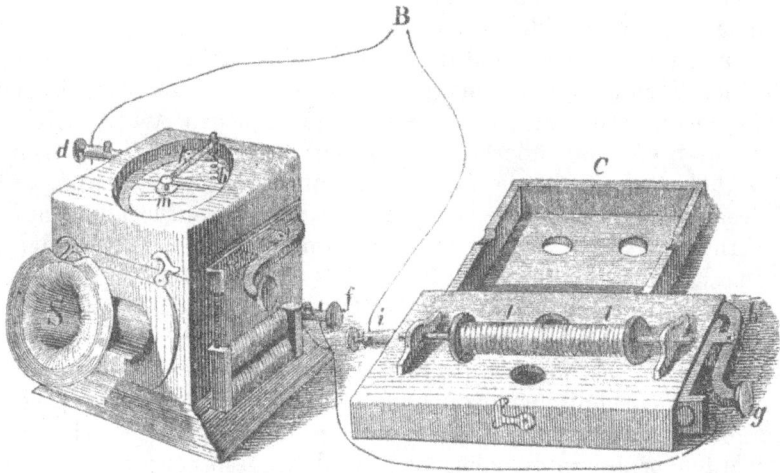

Abb. 54. Sender und Empfänger von Philipp Reis 1861.

technik (siehe Abb. 55). Am 7. 3. 1876 wurde er dem Amerikaner Alexander Graham Bell patentiert (Abb. 56). Über zwei solcher Hörer fand am 10. 3. 1876 das erste Gespräch statt zwischen Bell und seinem Mitarbeiter Watson. »Mr. Watson come here, I want you«. Das erste Ferngespräch über 3,2 km fand am 9. 10. 1876 von Boston nach Cambridge statt. Im Oktober 1877 erhielt Stephan zwei Bell-Hörer und am 24. 10. 1877 wurden die ersten Versuche mit diesen Hörern angestellt. Am 30. 10. 1877 sprach man schon versuchsweise von Berlin nach Potsdam (26 km). Die Versuche am 31. 10. 1877 von Berlin nach Magdeburg gelangen nur teilweise.

SCIENTIFIC AMERICAN

A WEEKLY JOURNAL OF PRACTICAL INFORMATION, ART, SCIENCE, MECHANICS, CHEMISTRY, AND MANUFACTURES.

Vol. XXXVII.—No. 14. [NEW SERIES.] NEW YORK, OCTOBER 6, 1877. [$3.20 per Annum. POSTAGE PREPAID.]

THE NEW BELL TELEPHONE

Professor Graham Bell's telephone has of late been somewhat simplified in construction and also arranged in more compact portable form. It consists now of but three metal portions and is contained in a casing of wood or light hard rubber, but five and five eighths inches in length and two and seven eighths inches in diameter at the enlarged end. It will be remembered that this telephone differs from all others in that it involves the use of no battery nor of any extraneous source of electricity whatever. The only current employed is that generated by the voice of the speaker himself.

The simplicity of the construction is clearly shown in Fig 1 of our engravings, in which both sectional and exterior views of the device are given. Referring to the sectional view, A is a permanent magnet, held by the screw shown in the rear. Around one end of this magnet is wound a coil, B, of fine insulated copper wire (silk covered), the ends of each are attached to the larger wires, C, which extend to the rear and terminate in the binding screws, D. In front of the pole and

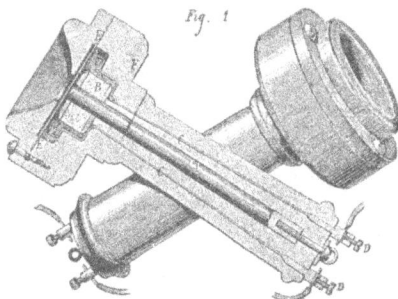

coil, B, is a soft iron disk, E. Finally the whole is inclosed in a wooden casing having an aperture in front of the disk and which, besides serving to protect the magnet, etc., acts somewhat as a resonator.

The principle of the apparatus we have already explained in some detail but it may be summarized here as follows. The influence of the magnet induces all around it a magnetic field and the iron diaphragm, E, is attracted towards the pole. Any alteration in the normal condition of the diaphragm, produces an alteration in the magnetic field, by strengthening or weakening it, and any such alteration of the magnetic field causes the induction of a current of electricity in the coil, B. The strength of this induced current is dependent upon the amplitude and rate of vibration of the disk, and these depend in turn upon the air disturbance made by the voice in speaking, or its any other similar source. Therefore, first, a wave of air throws the diaphragm into vibration, second, such movement produces a change in the magnetic field, and third, an induced

[Continued on page 215.]

Fig. 1

BELL'S NEW TELEPONE.

Abb. 55. Bell Hörer 1877.

Abb. 56. Erste Hörer von Graham Bell 1876.

Schon bald daraufhin bestanden in Deutschland folgende »Fernverbindungen«:

1883 im oberschlesischen Industriebezirk,
1885 bei Crefeld,
1886 im rheinisch-westfälischen Industriegebiet,
1887 im bergischen Industriebezirk,
1887 erste Bronzefernleitung von Berlin nach Hamburg 300 km,
1890 Oberlausitz und bei Halberstadt,
1891 bei Frankfurt a. M., Hirschberg und im Erzgebirge.

In der Fernsprechordnung von 1899 werden drei Arten von Sofortverkehr genannt: Nachbarort-, Vorort- und Bezirksverkehr. 1912 begann die Auslegung des Rheinlandkabels, 1914 war die Linie Berlin—Frankfurt—Mailand (1350 km) fertig. Sie hat 4,5 mm Kupferdrähte und ist pupinisiert.

Der zwischenstaatliche Fernverkehr hat in den 90er Jahren begonnen. Zunächst handelte es sich nur um kurze Grenzleitungen. Die Ausdehnung über die Landesgrenze begegnete zunächst noch militärischen und politischen Bedenken. Gleichwohl hat sich schon vor dem Kriege zwischen Deutschland und seinen Nachbarstaaten, mit Ausnahme von Rußland, sowie mit Ungarn und Italien ein Fernsprechverkehr entwickelt. Der Krieg unterbrach die Entwicklung, aber nachher wurde der Verkehr entsprechend den Fortschritten der Technik schnell weiter ausgedehnt. Die wichtigste Erweiterung war die Eröffnung der Verbindung zwischen Deutschland und England am 15. 3. 1925, allerdings bis 1927 nur in verkehrsschwachen Zeiten. Verbindungen wurden damals nur nach Ausfall der Sprechversuche zugelassen. Die allgemeine Bereitstellung des Sprechverkehrs über ganz Deutschland im Oktober 1921 war ein wichtiger Schritt. Im Jahre 1910 wurde der erste Fernschrank für Zentralbatteriebetrieb gebaut, der auch Vielfachklinken für die Herstellung von Durchgangsverbindungen enthielt. Diese Fernschränke konnten nach Einführung des Wählerbetriebes im wesentlichen unverändert bleiben. 1925 wurde ein neuer Fernschrank mit Rücksicht auf die Forderungen des Wählerbetriebes gebaut. 1926 wurde in Mannheim das erste Fernamt mit Arbeitsplätzen ohne Stöpsel und Klinken in Tischform gebaut.

Das deutsche Fernkabelnetz ist seit 1921 entstanden. Die Abb. 57 zeigt die Entwicklung in Deutschland 1933 und die Abb. 58 den Zustand 1933 in Europa. Das deutsche Fernkabelnetz umfaßte 1933 12340 km mit 9833 Sprechkreisen. Die Leitungslänge ist 1439200 km. Es gilt nur noch, einige Maschen enger zu ziehen, um beim Ausfall einer Strecke hinreichende Ersatzwege zur Verfügung zu haben. Wo Kabellinien fehlen, muß der Verkehr über Freileitungen abgewickelt werden. Zur Vermehrung der Sprechwege werden die Freileitungen vielfach mit Hochfrequenzschaltung betrieben, z. B. auf der Strecke Königsberg—Riga—Moskau, wo auf einer Doppelleitung gleichzeitig vier Gespräche übertragen werden. Besonders wichtige Glieder im europäischen Fernkabelnetz sind die Seekabel. Solange für die Seekabel nur Guttapercha anwendbar war, konnten nur nahegelegene Inseln angeschlossen werden. Erst nachdem papierisolierte Kabel mit Bleimantel und Eisenbandbewehrung so vervollkommnet waren, daß sie den hohen mechanischen Anforderungen genügten, und als die induktive Belastung in die Kabel eingebaut werden konnte, begann die Zeit der Verlegung langer Seekabel. Krarup-Kabel mit Guttapercha-Isolation oder späterhin mit Balata oder Paragutta wurden verlegt zwischen Schweden und Dänemark, Frankreich und England (1912), Havanna und Keywest. Krarup-Kabel mit Papierisolation und Bleimantel waren die meist übliche Type bis 1926. So Deutschland—Dänemark (19,3 km) 1903 bis 1907, Cuxhaven—Helgoland (80 km) 1903, Deutschland—Schweden (120 km),

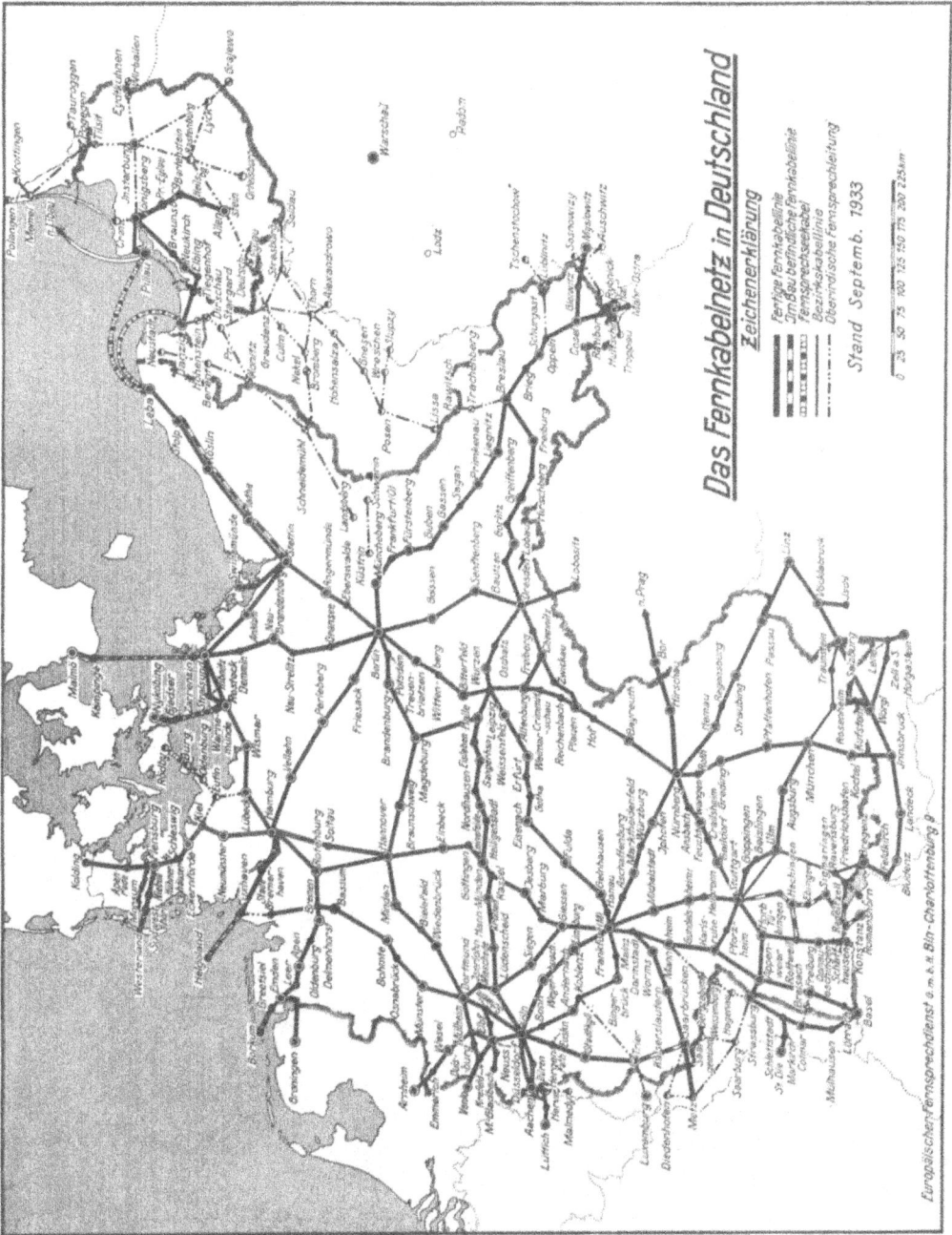

Das Fernkabelnetz in Deutschland
Zeichenerklärung

Stand Septemb. 1933

Abb. 57.

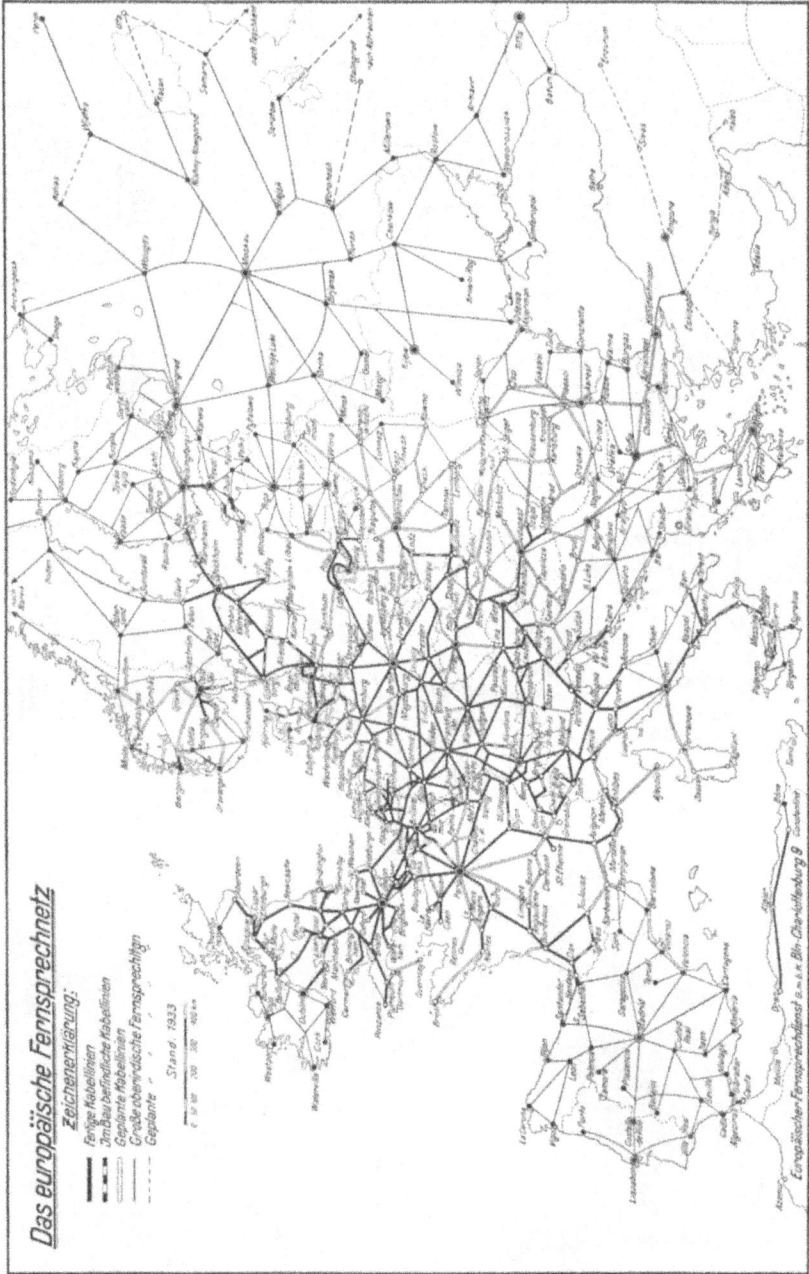

Abb. 58.

1919 und 1921. Die beiden ersten Ostpreußenkabel (176,7 km) in den Jahren 1920 und 1922, Leba—Danzig (156,5 km), ebenfalls 1922, England—Holland (159 km) 1926, England—Belgien (93 km) 1926. Das erste mit Pupinspulen ausgerüstete Seekabel wurde 1906 durch den Bodensee verlegt (Seetiefe 250 m), das heute noch benutzt wird. Die mechanischen Schwierigkeiten für Pupinseekabel wurden von den Firmen Siemens & Halske und Felten & Guilleaume überwunden, und es folgten 1926 weitere Kabel Deutschland—Dänemark, 1927 drittes Schwedenkabel, 1929 drittes Ostpreußenkabel, 1930 viertes Schwedenkabel.

England behielt trotz der höheren Kosten das Krarup-Kabel bei. Das im Jahre 1932 verlegte Kabel England—Belgien hat von $^1/_8$ zu $^1/_8$ Meile mit Siliziumeisen umsponnene und eisenfreie Adern. Das neueste 1933 ausgelegte Kabel England—Frankreich ist unbelastet. Es wird mit Zweibandtelephonie betrieben. Nach dem gegenwärtigen Stande der Technik ist es möglich, in einem Pupinseekabel eine Dämpfung für das Nebensprechen von 12,5 bis 14,5 Neper zu erzielen, für die Rundfunkleitung noch mehr. Solche Kabel werden mit Zweibandtelephonie betrieben.

Es fehlt noch das transozeanische Kabel Europa—Nordamerika. Die Techniker in Europa und in den Vereinigten Staaten haben die Grundlagen bearbeitet. Die sehr leicht pupinisierte Weltverkehrsleitungen erfordern Verstärker in kurzen Abschnitten. Möglicherweise kommt man durch die geplanten schwimmenden Inseln — die Stützpunkte für den Übersee-Flugverkehr — dem Ziele näher. Die Jahresberichte der American Telephone and Telegraph Co. von 1929 bis 1931 enthielten Nachrichten über die Entwicklungsarbeiten, aber 1932 wird nichts mehr gesagt.

Die deutsche Fernsprechordnung von 1923 enthält zum ersten Male den Begriff »Schnellverkehr«. Das Jahr 1924 ist das Geburtsjahr von zwei sehr wichtigen Entwicklungen: In diesem Jahre war der teilweise halbselbsttätige Schnellverkehr in der Netzgruppe des rheinisch-westfälischen Industriegebietes sprechbereit. Im gleichen Jahre wurde die vollselbsttätige Netzgruppe mit selbsttätiger Zeitzonenzählung und Wechselstromwahl in Weilheim (Bayern) eingeschaltet.

Die nachfolgenden Zahlen geben die Entwicklung in den Vereinigten Staaten an:

1880 Boston-Providence. . . . . 72 km
1884 New York—Boston . . . . 370 »
1892 »   —Chicago . . . . 1600 »
1911 »   —Denver . . . . 2300 »
1915 »   —San Francisco . . . . . . 5400 »
1920 drahtlos Los Angeles—Catalina-Inseln
1925 erstes Fernkabel New York—Chicago.

Die Planung der Zusammenfassung des Fernverkehrs mit 8 Durchgangsämtern stammt vom Jahre 1930.

Die Entwicklung in Europa war durch politische Verhältnisse verzögert, aber das internationale Fernsprechen wurde dringend nötig. 1922 schlug der damalige Vorsitzende des englischen elektrotechnischen Vereins, Frank Gill, drei Lösungen vor:

1. Gründung einer privaten Dachgesellschaft (ähnlich American Telephone and Telegraph Co.), die den zwischenstaatlichen Verkehr besitzen und betreiben soll;

2. eine Gesellschaft der Staatsverwaltungen für diesen Zweck;

3. eine Studiengesellschaft zur Besprechung der Aufgaben, die aber die Fernanlagen im Besitz der einzelnen Verwaltungen beläßt.

Frankreich lud 1923 sechs europäische Staaten zu einer Besprechung ein, Deutschland fehlte. Man sah ein, daß Vereinbarungen ohne Deutschland zwecklos seien. Deshalb erneute Frankreich die Einladung und im April 1924 kamen die Vertreter von 20 europäischen Staaten in Paris zusammen zur ersten Tagung des C. C. I. (Comité Consultatif International des Communications Téléphoniques à Grandes Distances). Dieses CCI wurde 1925 an den Welttelegraphenverein angegliedert. Der Name wurde später in CCIF (F für Fernsprechwesen) geändert. Dazu kam noch ein CCIT (T für Telegraphie) und CCIR (für Funkwesen). Die Satzungen des CCIF wurden 1926 festgelegt; 1932 wurde es in Madrid in den Welttelegraphenvertrag aufgenommen. Das CCI umfaßt vier Organe: die Vollversammlung, die Berichterausschüsse, das Laboratorium für das Fernsprechwesen und das Generalsekretariat. Allgemeine Fragen werden von den Berichterausschüssen in zwischenstaatlichen Zusammenkünften durchgesprochen und in Beschlußform der Vollversammlung vorgelegt. Diese billigt, lehnt ab oder verändert die Vorschläge. Die Vollversammlung veröffentlicht ihre Beschlüsse als »Empfehlungen«. Nur Verwaltungen können Mitglieder des CCI sein, jedoch können Sachverständige der Industrie und andere Art von Beratern an den Ausschußsitzungen teilnehmen.

Das Laboratorium besitzt ein Normgerät SFERT (Système Fundamental Européen de Référence pour la Transmission Téléphonique). Es dient zu Meßzwecken. Alle Vergleichsmessungen, die sich auf das SFERT beziehen, haben die Bezeichnung »Bezugs-«(-Dämpfung, -Übertragung usw.). Andere Staaten besitzen Nachbildungen dieses SFERT; die deutsche Nachbildung ist im Reichspostzentralamt aufgestellt. Das CCIF steht mit anderen zwischenstaatlichen Körperschaften in dauernder Verbindung, z. B. mit der internationalen Handelskammer, internationalen Verbänden der Eisenbahn, internationalen elektrotechnischen Ausschüssen, Verband der Elektrizitätswerke.

Für das Studium der Starkstrombeeinflussung wurde 1927 in Berlin ein besonderer Ausschuß gebildet (Commission mixte International pour les Expériences relatives à la Protection des Lignes Téléphoniques), an welchem alle wichtigen Starkstromvereinigungen beteiligt sind.

Die Korrosionsgefahr führte 1927 das CCIF mit den internationalen Verbänden der Straßenbahnen, Kleinbahnen und öffentlichen Kraftwagenbetrieben, ferner mit den Verbänden der Gas- und Wassertechniker zusammen.

Die Arbeiten des CCIF auf dem Gebiet des Fernsprechwesens begannen mit dem Studium der Dämpfung. Zunächst wurden die Einheiten (Neper und Bel) als gleichberechtigt anerkannt. Sehr wichtig war die Festlegung der Grenzwerte für die Restdämpfungen der Fernverbindungen und die Pegel an den Grenzen zwischen den verschiedenen Verwaltungen. Danach darf die Restdämpfung einer Zweidrahtfernleitung 1,3 Neper, die einer Vierdrahtleitung 1,1 Neper bei 800 Hz nicht übersteigen. Als erstrebenswert wird für Zweidrahtleitungen 1,1 Neper und für Vierdrahtleitungen 0,8 Neper empfohlen. Die Bandbreite wurde dadurch festgelegt, daß die höchste und tiefste Frequenz um nicht mehr als 1 Neper stärker gedämpft werden darf als die Frequenz 800 Hz.

Eine andere wichtige Bestimmung über Dämpfungen ist die Bezugsdämpfung einer Verbindung von Teilnehmer zu Teilnehmer. Sie soll 3,3 Neper nicht übersteigen. Neuere Messungen haben aber ergeben, daß über Kunstleitungen des SFERT 4,6 Neper noch eine ausreichende Verständigung möglich machen, selbst bei Störgeräuschen. In dieser Zahl ist der Sendeverlust enthalten. Das ist die Verminderung der Leistung des Mikrophons bei Schwächung des Speisekreises über die Teilnehmerleitungen. 1931 wurde nun festgelegt: Die innerstaatliche Sendebezugsdämpfung für die Verbindungen vom Ende der zwischenstaatlichen Fernleitungen über alle innerstaatlichen Fern- und Ortsleitungen sowie über alle Amtseinrichtungen bis zum Teilnehmerapparat einschließlich dieses Apparates in Sprechstellung soll für 90% aller Teilnehmer 1,7 Neper (für 10% 2 Neper) nicht übersteigen. Die innerstaatliche Empfangsbezugsdämpfung für die gleichen Verbindungen soll für 90% der Sprechstellen 1,2 Neper (für 10% der Sprechstellen 1,3 Neper) nicht übersteigen. Die Aufteilung dieser Werte auf die innerstaatlichen Systeme ist Sache der einzelnen Verwaltungen.

In der Frage Endverstärker oder Schnurverstärker empfiehlt das CCIF die Endverstärker, falls die wirtschaftlichen Bedingungen den Aufwand dafür zulassen. Der Zweibandverkehr ist zugelassen, hauptsächlich für Seekabelstrecken. Als Fortpflanzungsgeschwindigkeit empfiehlt das CCIF eine Höchstlaufzeit von 250 m/s in einer Richtung. Die Zuführungskabel zu den Hauptstrecken sollen eine Laufzeit von höchstens 100 m/s haben.

Auf dem Gebiet der Betriebsregelung gab das CCIF 1931 Richtlinien für alle europäischen Verwaltungen heraus. Sie sind im sog. »Grünbuch« aufgeführt. Zunächst werden einige Begriffe in den verschiedenen Sprachen festgelegt. Dann folgen Richtlinien für die Gebührenanteile, auch für Verbindungen, die über Hilfswege hergestellt werden. Es folgen Bestimmungen für die Gebühren vom Festzeitgespräch, Umwandlung oder Änderung der Anmeldungen, Voranmeldungen, Personen mit bestimmten Sprachkenntnissen, abgelehnte Verbindungen, Benutzung höchstwertiger Leitungen (Rundfunkleitungen), statistische Beobachtungen, Überwachung, Instandhaltung. Die Teilnehmerverzeichnisse der verschiedenen Länder sollen eine gewisse Einheitlichkeit haben. Es soll ein Werbebuch herausgebracht werden, um den zwischenstaatlichen Verkehr anzuregen. Ferner wird ein Wörterbuch für alle technischen und organisatorischen Ausdrücke bearbeitet.

Der Ausschuß für das Studium der Starkstrombeeinflussung klärt die Fernwirkungen. Dazu müssen zuerst Richtlinien für die Messungen festgelegt werden. Ferner Störungen durch Gleichrichter, Erdung der Nullpunkte, Leitfähigkeit der Schienen, Verminderung der Silbenverständlichkeit durch Geräusche, zulässige Geräuschspannungen, Meßverfahren für Geräusche, Bedeutung der Erdunsymmetrie der Fernsprechleitungen, Leitfähigkeit des Bodens, Knallgeräusche im Fernhörer.

Im Ausschuß für die Korrosionsfragen ist noch keine Einigkeit erzielt worden.

Das CCIF ist nicht auf die europäischen Verwaltungen beschränkt. Es nehmen Vertreter aller wichtigen Fernsprechverwaltungen der ganzen Erde an den Beratungen teil.

Für die Telegraphie wurde 1865 der Welttelegraphenverein gegründet. Weitere wichtige Versammlungen fanden 1875 in St. Petersburg, 1885 in Berlin statt. Für das Funkwesen sind 1927 in Washington und 1932 in Madrid grundlegende Versammlungen abgehalten worden. Bei der Welttelegraphenkonferenz in Madrid 1932 wurde der Welttelegraphenvertrag mit drei Vollzugsordnungen beschlossen. Die Bestimmungen dieses Vertrages traten am 1. 1. 1934 in Kraft.

III. Die wirtschaftliche Bedeutung des Welt- fernsprechens.

Von Ministerialrat Dr. Wittiber, R. P. M. Berlin.

Die Frage der Betriebsform des Fernsprechwesens, ob Staats- oder Privatbetrieb, hat gegen früher an Bedeutung verloren. Beide Formen können heute als gleichwertig gelten, wenn beim Staatsbetrieb die sich aus dem Behördencharakter ergebenden Hemmungen, nämlich die haushaltsrechtlicher Art, und beim Privatbetrieb die Gefahren des Wettbewerbes und überhöhter Monopolgebühren wegfallen. Nach der Zahl der Anschlüsse und der Größe des Leitungsnetzes überwiegt der Privatbetrieb durch das Schwergewicht der ausgedehnten Anlagen der American Telephone and Telegraph Co. und der damit zusammenhängenden 24 Bell-Gesellschaften in den Vereinigten Staaten. Die Länderkabelnetze sind in den meisten europäischen Staaten in staatlichem Besitz, auch dort, wo der Ortsverkehr Privatgesellschaften überlassen ist. Der Bau der Fernkabel wird von den Staatsverwaltungen vielfach privaten Unternehmungen übertragen. Die Deutsche Reichspost hat dafür die »Deutsche Fernkabelgesellschaft« mit den privaten Unternehmungen dieser Richtung zusammen gegründet. Die Großstationen für den Funkverkehr sind in der Mehrzahl in staatlichem Besitz oder im Besitz von Gesellschaften an denen die Staaten beteiligt sind. In Deutschland ist der Überseefunkverkehr 1932 in Staatsbesitz übergegangen.

Die Besitzform beeinflußt die Art der Beschaffung der Kapitalien wesentlich. Das Fernsprechwesen gehört zu den kapitalintensiven Betrieben. Die vom Kapital abhängigen Ausgaben überwiegen die Ausgaben für Löhne und Material bei weitem. Vom Sachvermögen der Deutschen Reichspost entfallen 15% auf den reinen Postbetrieb, 72,5% auf das Fernsprechwesen. Die persönlichen Ausgaben verteilen sich dagegen mit 60% auf den Postbetrieb und nur 22,9% auf das Fernsprechwesen.

Der Beschaffungswert aller Fernsprecheinrichtungen für den Orts- und Fernverkehr belaufen sich — auf eine Sprechstelle als Zähleinheit bezogen — auf rund 1000 RM. Da 1933 etwa 30 Millionen Sprechstellen in der Welt vorhanden waren, stellen alle Fernsprechanlagen zusammen einen Anlagenwert von rund 30 Milliarden RM. dar. In Deutschland ist der Buchwert der Fernsprechanlagen etwa 2 Milliarden und der Herstellungswert etwa 3 Milliarden RM. Diese erheblichen Kapitalien liegen auf 20 bis 30 Jahre fest. Die Fernsprechanlagen erfordern alljährlich erhebliche Aufwendungen für Erweiterungen und Verbesserungen. Diese Ausgaben sind zwangläufig und lassen sich, wenn die Güte des Betriebes erhalten bleiben soll, nicht zurückstellen, auch wenn die Beschaffung der Geldmittel wegen der ungünstigen Lage des Kapitalmarktes unerwünscht oder gar unmöglich sein sollte.

Vor dem Krieg konnte der Staat die erforderlichen Geldmittel in Form langfristiger Anleihen flüssig machen. Aber als Kriegsfolge haben die Staaten mit Kriegsschulden, Reparationen und anderen Verpflichtungen mit Kreditschädigung durch Inflationen Schwierigkeiten in der Geldbeschaffung. Das Staatsfinanzwesen ist für die rasch wechselnden und plötzlich auftretenden Bedürfnisse nicht beweglich genug. In Deutschland ist deshalb die Deutsche Reichspost aus dem allgemeinen Reichshaushalt losgelöst worden. Auch die nationalsozialistische Staatsform hat das selbständige Finanzwesen der Deutschen Reichspost bestehen lassen. Seit 1924 muß die Deutsche Reichspost ihre Ausgaben durch eigene Einnahmen decken und muß gewissermaßen als eine Verkehrssteuer oder als Verzinsung des 1924 zur Bewirtschaftung überlassenen Vermögens folgende Beträge an die Staatskasse abführen:

Bei Betriebseinnahmen des ganzen Postwesens von
weniger als 2,2 Milliarden RM 6%,
2,2 bis 2,4 Milliarden RM. 6½%,
mehr als 2,4 Milliarden RM. . . . . . 6²/₃%.

In ähnlicher Weise sind auch in Frankreich und Belgien die haushaltmäßigen Beziehungen zu dem allgemeinen Staatshaushalt und dem Fernmeldewesen gelockert worden. Neuerdings ist auch für das englische General Post Office durch Beschränkung der Ablieferung an das Schatzamt eine kleine Veränderung eingetreten.

In den Vereinigten Staaten hatte eine Staatsbehörde, die Interstate Commerce Commission, für den Verkehr über die Staatsgrenzen hinaus und die verschiedenen Public Utility Commissions in den einzelnen Staaten für den innerstaatlichen Betrieb seit 1913 großen Einfluß auf das Finanzgebaren ausgeübt. Sowohl das Vermögen als auch die Gebühren unterstanden einer weitgehenden Aufsicht dieser Behörde. Anfang 1934 kamen Bestrebungen auf, den Einfluß des Staates noch wesentlich zu erhöhen und im März 1934 wurde das entsprechende Gesetz dem Parlament vorgelegt.

Zur Beschaffung der nötigen Gelder steht noch der Ausweg der Gebührenerhöhung offen. Man kann dieses Verfahren als statthaft ansehen, wenn sich die Gebühren in erträglichen Grenzen halten, da sich die Lasten auf viele Schultern verteilen und nur von den Kreisen getragen werden, die von einem guten Zustand der Verkehrsmittel selbst den größten Nutzen haben. Auf die Dauer aber lassen sich Beträge, wie sie alljährlich für das Fernsprechwesen gebraucht werden, in voller Höhe nicht aus den Gebühren herauswirtschaften. Mit der größeren Leichtigkeit der Kapitalbeschaffung allein kann also die Notwendigkeit und Zweckmäßigkeit des staatlichen Fernsprechbetriebes heute nicht mehr begründet werden. Man könnte sogar im Gegenteil behaupten, daß gerade in dieser Beziehung die Privatunternehmungen die stärkeren geworden sind.

Innerhalb der elektrotechnischen Produktion hat die Entwicklungstendenz unter Einbeziehung leistungsfähiger Bankgruppen zur Bildung großer, kapitalstarker Konzerne geführt, die die für die Finanzierung großer Aufträge benötigten Gelder entweder aus eigenem Kapital hergeben oder durch Verwertung ihres Kredits ohne besondere Schwierigkeiten beschaffen können. Diese Umstände in der Hauptsache haben dazu geführt, daß Länder, in denen sich das Fernsprechwesen unter staatlicher Leitung in technischer und organisatorischer Beziehung nicht recht hatte entwickeln können, die Errichtung und den Betrieb der Fernsprechanlagen privaten Gesellschaften übertragen haben. Als weiterer Grund für diese Maßnahme tritt hinzu, daß ein neuzeitlicher Fernsprechbetrieb mit seinen verwickelten Einrichtungen der Aufsicht und der Leitung eines erfahrenen, gut geschulten Stabes bedarf, dessen Heranbildung nicht in kurzer Zeit möglich ist, über den aber die großen Schwachstromfirmen verfügen, da sie zur Erlangung maßgebender Patente in erheblichem Umfange wissenschaftliche Forschungsarbeiten leisten müssen. Aus diesen Erwägungen heraus hat zunächst M u s s o l i n i , gleich nachdem er seine Regierung angetreten hatte, seinem Lande die Vorteile eines modernen Fernsprechbetriebes zugänglich gemacht, indem er das Fernsprechmonopol zonenweise für eine längere Zeit privaten Gesellschaften übertrug und ihnen in der Konzession Bedingungen auferlegte, die der italienischen Wirtschaft einen guten und wohlfeilen Fernsprechdienst gewährleisten. Diesem Vorgehen sind die meisten anderen südeuropäischen Staaten Spanien, Griechenland, Rumänien, Jugoslawien, Portugal gefolgt.

Noch in einem weiteren Punkte sind die Betriebsform und die Eigentumsverhältnisse des Fernsprechwesens von Bedeutung, nämlich bei der Festlegung der Grundsätze für die T a r i f p o l i t i k . Für private Fernsprechunternehmungen sind die Grundlagen für die Tarifbildung durch das E r w e r b s p r i n z i p gegeben: Deckung aller Selbstkosten, einschließlich Amortisation des Anlagekapitals, die besonders nötig ist, wenn der kostenlose Übergang der Fernsprechanlagen an den Staat nach Ablauf einer bestimmten Zeit vertraglich ausbedungen ist, und daneben noch das Bestreben, einen angemessenen Gewinn zu erzielen. Der Staat als Fernsprechunternehmer ist in der Wahl eines Finanzprinzips völlig frei. In Erfüllung seiner Aufgabe, für das Allgemeinwohl der Volksgenossen zu sorgen und der Wirtschaft ein leistungsfähiges, wohlfeiles Verkehrsinstrument zur Verüfgung zu stellen, wird er bemüht sein, die Tarife so niedrig wie möglich festzusetzen. Er kann dabei auch unter den Selbstkosten bleiben, wenn er glaubt, allgemeine Einkünfte zugunsten der Inhaber von Fernsprechanschlüssen verwenden zu dürfen. So lange allerdings nur ein geringer Bruchteil der Volksgesamtheit (in Deutschland nicht ganz 5% der Bevölkerung) von dem Fernsprecher Gebrauch macht, wird die Anwendung des gemeinwirtschaftlichen Finanzprinzips für die Fernsprechtarife schwer zu begründen sein. Auch der Staat wird stets mindestens volle Deckung der Selbstkosten durch die Tarife als Regel aufstellen müssen, wobei es bei der Gebührenfestsetzung im einzelnen immer noch möglich ist, allgemeinwirtschaftliche und soziale Gesichtspunkte zu berücksichtigen, wenn die dadurch entstehenden Verluste nicht zu groß sind und durch mäßige Erhöhung anderer Sätze unbedenklich auf die übrige Teilnehmerschaft umgelegt werden können. Leider sind nur wenige Länder in der glücklichen finanziellen Lage, sich eine volkstümliche Fernsprechtarifpolitik zu leisten. Der Staatssäckelwart wird meist darauf drängen, eine so bequeme und ohne Erhöhung der Erhebungskosten zum reichlicheren Strömen zu bringende Einnahmequelle nach Möglichkeit auszuschöpfen, teils um andere wichtige Aufgaben zu erfüllen, teils um Steuererhöhungen zu vermeiden. Es gehört deshalb in der Regel mit zu den Aufgaben des verantwortlichen Leiters eines Fernsprechunternehmens, allzu weitgehende Forderungen von seiten der Staatsfinanzen abzuwehren und das Fernsprechwesen vor Tarifen mit steuerähnlichem Charakter zu schützen, die eine gesunde Weiterentwicklung des Anschlußbestandes und des Verkehrs beeinträchtigen müssen.

Der Fernsprechweitverkehr gehört zweifellos nicht zu den Gegenständen des täglichen Bedarfs. Der Kreis der Teilnehmer an diesem Verkehr ist noch sehr klein und wird auch später wegen des geringen Interessenfaktors und der Verschiedenheit der Sprache einen gewissen Umfang nicht überschreiten. Zudem sind die Betriebe, die sich des Fernsprechers auf große Entfernungen bedienen, meist finanziell gut fundiert. Das darf natürlich kein Grund für überhöhte Tarife sein. Wohl aber muß billigerweise verlangt werden, daß die Selbstkosten voll gedeckt werden und daß ein angemessener Gewinn erzielt wird. In die Selbstkosten muß auch das große Risiko eingerechnet werden, das der Unternehmer gerade bei verhältnismäßig noch wenig benutzten neuen Anlagen hat, deren schnelles Veralten meist unvermeidbar ist, weil die in der Entwicklung begriffene Technik noch keine festen Formen gefunden hat, wie es z. B. beim Funkfernsprechverkehr der Fall ist.

Damit ist nun die Frage zur Erörterung gestellt: Wie hoch sind die Selbstkosten für den Betrieb des Fernsprechfernverkehrs, und was kostet eine Leistungseinheit, d. h. im vorliegenden Falle ein Fern-

gespräch von 3 Minuten Dauer? Der Ausgangspunkt für jede Selbst-
kostenberechnung müssen die Gestehungskosten für die gesamte Anlage
sein. Um eine Vorstellung von der Höhe der Beträge zu vermitteln, die
für alle auf der Erde vorhandenen Fernsprechanlagen, soweit sie dem
Verkehr von Ort zu Ort dienen, aufgewendet worden sind, habe ich die
in Veröffentlichungen zugänglichen Zahlen zusammengerechnet und
durch Schätzung ergänzt; dabei bin ich zu einem Betrage von 6 bis
6,5 Milliarden RM. gekommen. Lubberger gibt das in allen Fernsprechanlagen der Erde insgesamt angelegte Kapital mit 33 Milliarden RM.
an. Wendet man für die Verteilung auf Orts- und Fernverkehr den für
Deutschland gültigen Schlüssel an, so käme man für die Fernverkehrsanlagen auf einen Wert von 7,5 Milliarden RM. Diese Schätzung dürfte
indes zu hoch sein, da die Fernleitungsnetze in der Mehrheit der Länder
von geringerer Dichte als in Deutschland sind.

Diese roh geschätzten Zahlen sind natürlich weder geeignet noch
ausreichend, um aus ihnen deduktiv irgendwelche leidlich zuverlässige
Schlüsse zu ziehen; es fehlen namentlich die für die Einzelberechnungen
erforderlichen Angaben über die sächlichen und persönlichen Betriebskosten. Wenn wir das Selbstkostenproblem näher untersuchen wollen,
müssen wir von den deutschen Verhältnissen ausgehen, für die Einzel-
angaben zur Verfügung stehen, und die so gewonnenen Ergebnisse entsprechend auswerten. Die Ergebnisse dürfen, wie Vergleiche mit Ver-
kehrs- und Finanzzahlen anderer Länder gezeigt haben, ohne einen großen
Fehler zu begehen, verallgemeinert werden, weil die technischen Betriebsmittel überall fast die gleichen sind und deren Kosten sich ebenfalls
innerhalb vergleichbarer Grenzen halten. Auch die Aufwendungen für
die Gehälter und Löhne des Bedienungs-, Instandhaltungs- und Ver-
waltungspersonals weisen keine unverhältnismäßig großen Abweichungen
auf.

Ich kann im Rahmen des allgemeinen Überblicks nicht eine aus-
führliche Tarifkalkulation für die Weitverkehrsverbindungen geben. Ich
muß mich vielmehr darauf beschränken, das Endergebnis der umfang-
reichen Berechnungen zu bringen und einige Erläuterungen anzufügen.

Wie ich schon wiederholt bemerkt habe, liegt der Schwerpunkt
des Fernsprechweitverkehrs im Leitungsnetz und seinem Zubehör. Das
geht deutlich aus Abb. 59 hervor, das die Verteilung des in den deutschen Fernverkehrsanlagen investierten Kapitals auf die einzelnen
Kostengruppen zeigt. Die Kenntnis dieser Unterteilung ist auch deshalb
von Wichtigkeit, weil die einzelnen Anlagenteile eine verschiedene
Lebensdauer haben, also mit verschieden hohen Abschreibungsquoten
in die Betriebsrechnung übergehen. Die Lebensdauern betragen nach
Erfahrungssätzen, die von fast allen Fernsprechverwaltungen angewendet
werden, die sich mit diesem Problem eingehender beschäftigt haben,
für Gebäude $66^2/_3$ bis 80 Jahre; für das oberirdische Linien- und Leitungs-

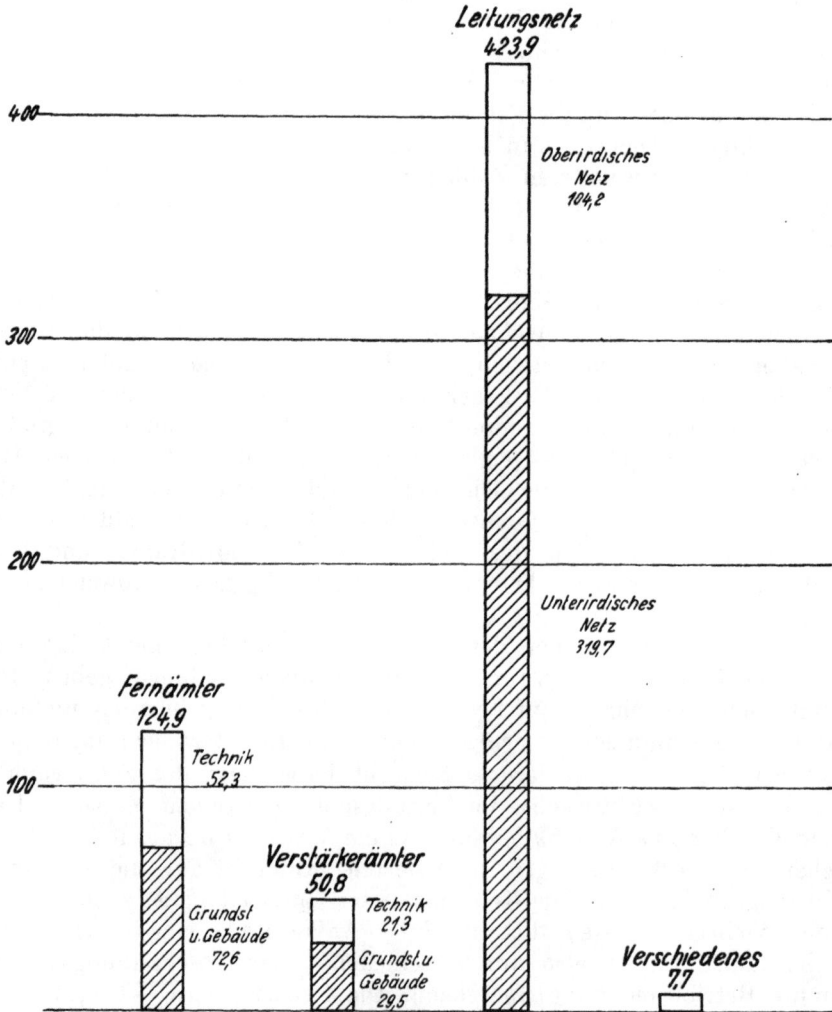

Sachvermögen der DRP.
beim Betriebszweig „Fernverkehr"
Stand Ende März 1933

Mill. RM

Leitungsnetz
423,9

Oberirdisches
Netz
104,2

Unterirdisches
Netz
319,7

Fernämter
124,9

Technik
52,3

Grundst
u. Gebäude
72,6

Verstärkerämter
50,8

Technik
21,3

Grundst. u.
Gebäude
29,5

Verschiedenes
7,7

Abb. 59.

netz 20 bis 25 Jahre; für das unterirdische Kabelnetz einschließlich der Kanäle ebenfalls 20 bis 25 Jahre und für die technischen Einrichtungen 10 bis 15 Jahre.

Auf Grund dieser Ermittelungen lassen sich unschwer die Aufwendungen für den Kapitaldienst errechnen, wobei für Zwecke der Tarifkalkulation eine Verzinsung für sämtliche investierten Kapitalien angesetzt werden muß, ohne Rücksicht darauf, ob es sich um fremde Gelder handelt oder um Reinüberschüsse oder Abschreibungsbeträge, die im eigenen Unternehmen angelegt werden. Dazu treten dann die eigentlichen sächlichen und persönlichen Betriebskosten, d. s. in der Hauptsache die Aufwendungen für die Instandhaltung der Anlagen, den Störungsdienst und die Vermittlungsarbeit einschließlich Beleuchtung, Heizung, Reinigung der Räume, für die Verwaltung, Dienstwerke und was dgl. mehr für den Betrieb gebraucht wird.

Außerdem muß der Fernverkehr, da er die Einrichtungen für den Ortsverkehr bei der Ausführung der Verbindungen mitbenutzt, mit einem Teil der für den Ortsverkehr entstehenden Kosten belastet werden. Private Unternehmungen müssen ferner noch einen Zuschlag für Steuern, Konzessionsabgaben u. dgl. einrechnen sowie u. U. einen Gewinnanteil, wenn ein solcher neben der üblichen Verzinsung der hergegebenen Gelder als Entgelt für das mit dem Unternehmen verbundene Wagnis verlangt wird.

Aus diesen Unterlagen können einige wertvolle Durchschnittszahlen ermittelt werden. Die Abb. 60 gibt einen guten Überblick über die verschieden hohen jährlichen Kosten der einzelnen für die Weitgesprächsverbindungen erforderlichen Leitungsarten. In der Abbildung sind auch die mit den einzelnen Leitungsarten erreichbaren durchschnittlichen Entfernungen angedeutet. Der Gewinn, der sich aus der erhöhten Ausnutzungsmöglichkeit der Leitungen durch Viererbildung, Zweibandtelephonie, Unterlagerungs- und Wechselstromtelegraphie ergibt, ist selbstverständlich berücksichtigt.

Durch Vergleich mit dem Verkehrsumfang lassen sich ferner aus den gesamten Ausgaben die für eine Verbindung durchschnittlich aufzuwendenden Kosten berechnen; sie betragen — nebenbei bemerkt — für die deutschen Verhältnisse zur Zeit rd. 1 RM.

Setzt man den Verkehrsumfang zu den Ausgaben für Gehälter und Löhne in Beziehung, so erhält man die auf eine Verbindung durchschnittlich entfallenden Personalkosten; sie sind höher, als man bei überschläglicher Rechnung vermutet, nämlich rd. 54 Rpf. Die laufenden Kosten des Fernsprechverkehrs von Ort zu Ort sind also rd. zur Hälfte Personalausgaben, zur anderen Hälfte sächliche Kosten einschließlich des Kapitaldienstes.

Auch diese Ergebnisse genügen noch nicht, um die Selbstkosten für Gespräche auf verschieden weite Entfernungen zu berechnen, d. h.

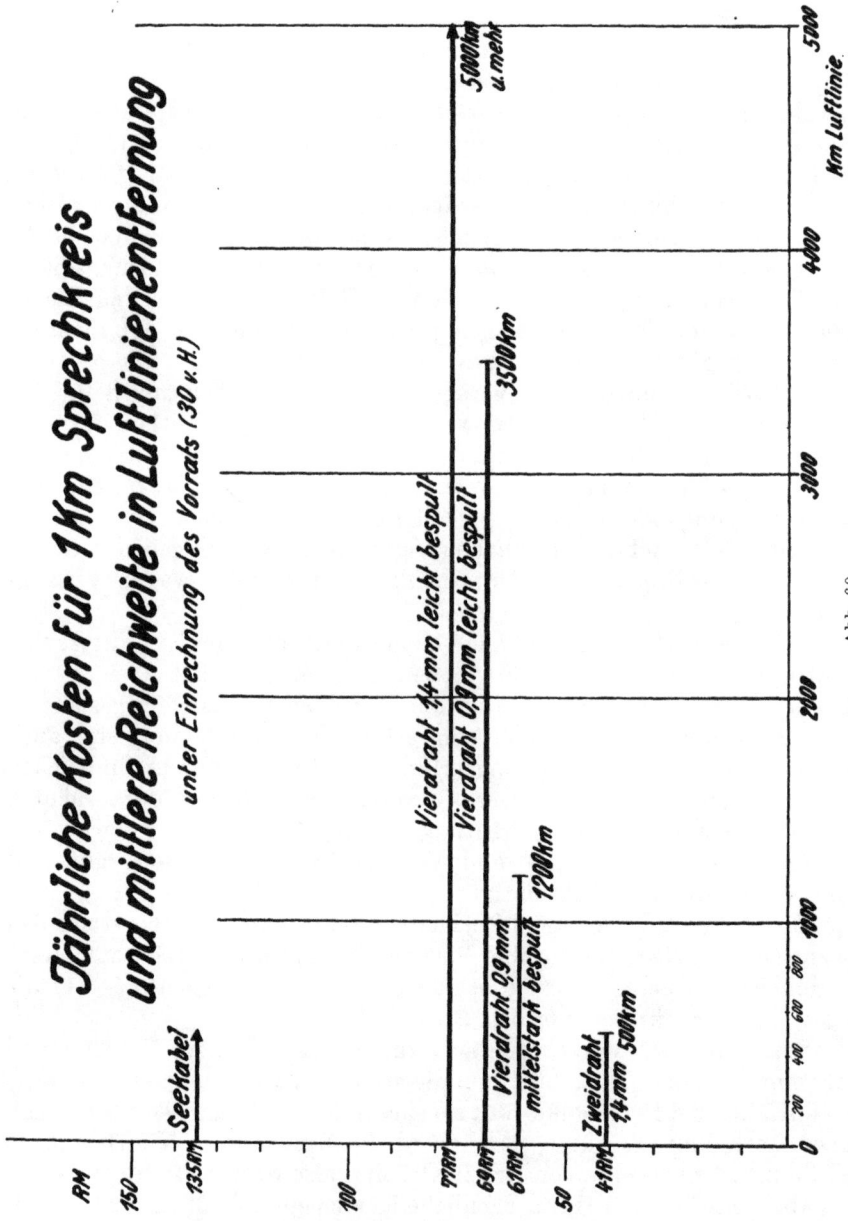

Jährliche Kosten für 1 Km Sprechkreis und mittlere Reichweite in Luftlinienentfernung

unter Einrechnung des Vorrats (30 v.H.)

Abb. 60.

um einen Tarif aufzustellen. Dazu muß die induktive Methode zu Hilfe genommen werden; d. h. es müssen die für eine Verbindung in Betracht kommenden Kostenelemente untersucht, in ihrer Größe berechnet und dann zusammengesetzt werden. Wenn wir unter diesem Gesichtspunkt die Leistungen betrachten, die für die Herstellung einer Fernverbindung erforderlich sind, lassen sich zwei Hauptgruppen unterscheiden, nämlich:

1. die Kosten für das Personal, das die Verbindungen ausführt — beim Meldeamt, beim Abgangsamt, beim Bestimmungsamt (Fernplatz und Fernvermittlung) und u. U. bei einem oder mehreren Durchgangsämtern — und

2. die anteiligen Kosten der Betriebsmittel — Fernämter und Leitungen einschließlich der Verstärkereinrichtungen.

Die Personalkosten können — wenigstens theoretisch — dem jeweiligen Verkehrsumfang angepaßt werden; sie sind insofern von der Entfernung abhängig, als der Weitverkehr, namentlich wegen der größeren Häufigkeit der Durchgangsverbindungen, höhere Personalkosten verursacht als der Nahverkehr, weil aus wirtschaftlichen Rücksichten lange Leitungen intensiv betrieben werden müssen, d. h. so, daß sich die Gespräche in der Fernleitung möglichst lückenlos aneinanderreihen, während im Nahverkehr extensiver Betrieb vorteilhafter ist. Die durch die Betriebsmittel verursachten Kosten sind dagegen fast in voller Höhe feste, d. h. vom Verkehrsumfang unabhängige Kosten, die mit der Entfernung steigen.

Um diese Kosten auf ein Gespräch umlegen zu können, muß man wissen, wie viele Gespräche eine Leitung im Höchstfalle unter der Voraussetzung einer bestimmten Betriebsgüte aufnehmen kann und mit wie vielen sie in Wirklichkeit belastet ist. Dieser Faktor bringt erklärlicherweise eine Unsicherheit in die Tarifberechnung, da die Grundlagen dieser Rechnung durch die Praxis nicht bestätigt oder durch Einflüsse allgemein wirtschaftlicher Art verändert werden können. Das Risiko des Unternehmers ist daher beim Fernverkehr weit größer als beim Ortsverkehr; bei diesem können die festen Kosten in Form einer Grundgebühr dem Teilnehmer, der die Kosten veranlaßt hat, auferlegt werden. Der Fernverkehr ist durch das Fehlen dieser Möglichkeit konjunkturempfindlicher als der Ortsverkehr.

Nach den Vorschriften der DRP, die auf langjährigen Erfahrungen beruhen, ist die zulässige tägliche Belastung der Fernleitungen festgesetzt; im Nahverkehr auf 40 bis 50, im Fernverkehr auf 70 bis 80 Gespräche. Leider werden diese Belastungen zur Zeit bei weitem nicht erreicht. Nach der Statistik sind zur Zeit die Leitungen des großen Auslandverkehrs mit täglich 35 Gesprächen von 4,9 Minuten Dauer belastet. Die Ursachen der die Regelbelastung stark unterschreitenden Inanspruchnahme der Leitungen sind in der Hauptsache die große Verkehrsschrump-

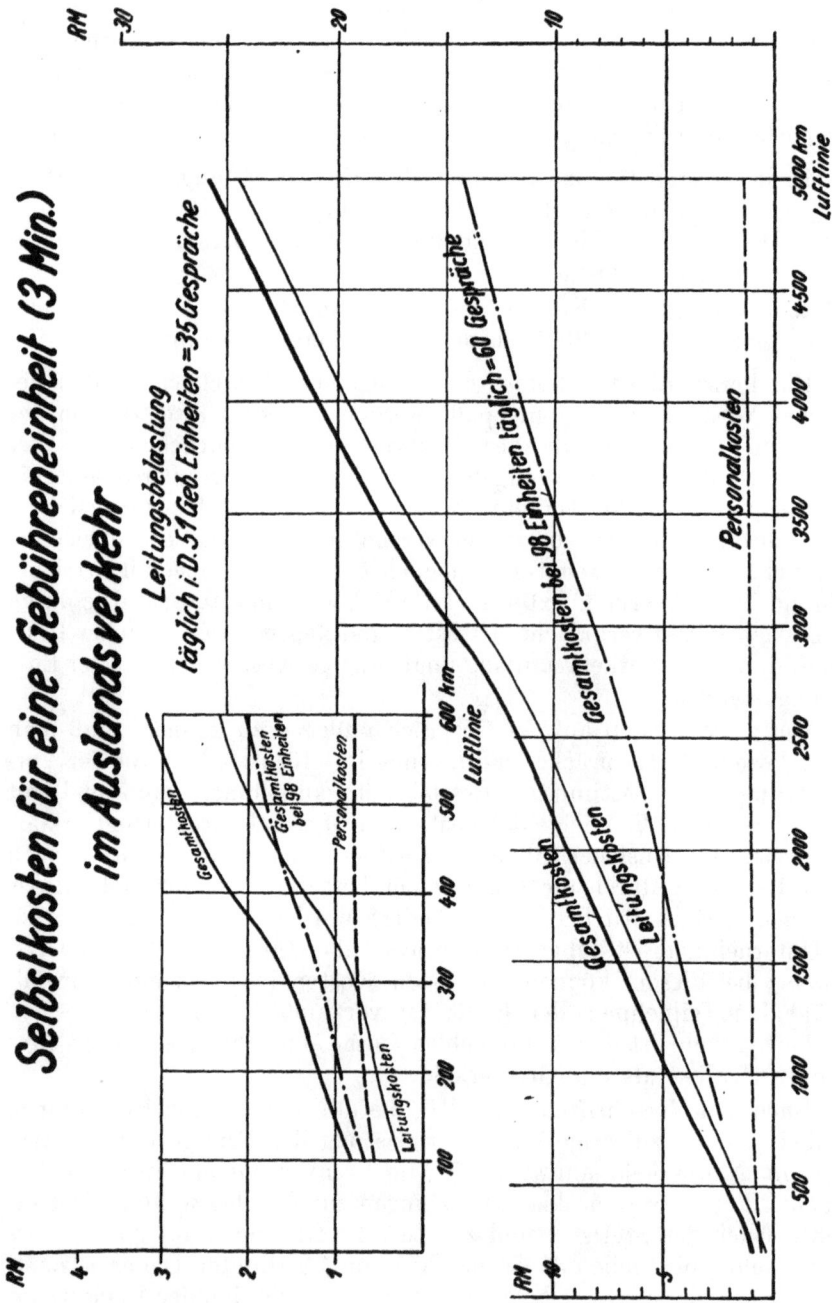

Selbstkosten für eine Gebühreneinheit (3 Min.) im Auslandsverkehr

Leitungsbelastung täglich i. D. 51 Geb. Einheiten = 35 Gespräche

Gesamtkosten

Gesamtkosten bei 98 Einheiten

Personalkosten

Leitungskosten

600 km
Luftlinie

Gesamtkosten bei 98 Einheiten täglich = 60 Gespräche

Gesamtkosten

Leitungskosten

Personalkosten

5000 km
Luftlinie

Abb. 61.

fung infolge der allgemeinen Wirtschaftskrise und der auch in den letzten Jahren fortgesetzte Ausbau des Fernkabelnetzes. Im ganzen genommen ist das wirtschaftliche Ergebnis des deutschen Fernverkehrs bei dem gegenwärtigen Verkehrsumfang nicht günstig; für jedes Ferngespräch ergibt sich im Durchschnitt ein Fehlbetrag von etwa 16 RPf.

In der Abb. 61 sind die für ein Ferngespräch des großen Auslandverkehrs entstehenden Selbstkosten in Abhängigkeit von der Luftlinienentfernung dargestellt. Die Kosten sind auf die Gesprächseinheit von 3 Minuten bezogen. Der Nachtverkehr ist anteilmäßig (23,4% des Gesamtverkehrs) mit $^3/_5$ des Betrages der vollen Dreiminuteneinheit eingerechnet. Der geringe Anteil der Monatsgespräche ist außer Ansatz geblieben. Die Mehreinnahmen aus dringenden Gesprächen, deren Selbstkosten nicht höher sind als die der gewöhnlichen Gespräche, sind vernachlässigt worden, da die Zahl der Vorranggespräche bei der jetzigen Verkehrslage nicht ins Gewicht fällt (im Inlandverkehr 1,2%, im Auslandverkehr 0,5% des Gesamtverkehrs). Der Unterschied zwischen der Luftlinienentfernung und der Leitungslänge ist durch einen auf Erfahrung beruhenden Zuschlag von 30% ausgeglichen. Auch die Vorräte im Kabelnetz sind mit 39% berücksichtigt.

Im einzelnen ist folgendes zu bemerken: Die Personalkosten steigen allmählich mit der Entfernung; bei den Gesprächsverbindungen des Weltverkehrs, die eine erhebliche Vorbereitungsarbeit erfordern, erreichen sie den Betrag von 2 RM. für ein Gespräch oder 1,40 RM. für die Dreiminuteneinheit. Der Verlauf der Leitungskostenlinie wird durch die Notwendigkeit der Verwendung verschieden teurer Leitungsarten in den einzelnen Entfernungsstufen beeinflußt. Die Unstetigkeit bei der Entfernung von 3000 km ist durch den Übergang zur schwach belasteten 1,4-mm-Vierdrahtleitung verursacht. Um zu zeigen, wie stark die Leitungsausnutzung die Selbstkosten beeinflußt, sind in der stark punktierten Linie die Gesamtkosten bei der Regelbelastung von 60 Gesprächen = 98 Gebühreneinheiten zusammengefaßt, die allerdings im Weitverkehr kaum erreicht wird. Eine in diesem Ausmaß höhere Ausnutzung der Leitungen würde die auf ein Gespräch entfallenden Kosten um $\frac{1}{2}$ bis $^2/_5$ senken.

Der Funkfernsprechweitverkehr ist hinsichtlich der Kostenberechnung nicht in die Betrachtungen einbezogen worden. Die Verhältnisse sind noch zu sehr in der Entwicklung und geben deshalb noch keine genügend sichere Grundlage für eine Kostenberechnung. Es ist aber ohne weiteres verständlich, daß bei den hohen Anlage- und Betriebskosten einer Großfunkstation die Gebühren verhältnismäßig weniger Gespräche nicht niedrig sein können.

Ich habe versucht, durch Angabe konkreter Zahlen über Anlagekosten, Betriebsaufgaben und Verkehrsumfang ein Urteil über die finanzpolitische Seite des Fernsprechfernverkehrproblems zu bilden, namentlich darüber, ob gemessen an den Selbstkosten und dem mit dem Verkehrszweig verbundenen Wagnis die Gebühren etwa zu hoch sind. Vielleicht ist es mir auch gelungen, zu zeigen, daß Anträge auf Gebührenermäßigungen, wie sie aus Benutzerkreisen gern und nachdrücklich gefordert werden, für den Fernsprechbetrieb wegen seiner besonderen Eigenart nach anderen Gesichtspunkten zu beurteilen sind als bei Gegenständen des Massenverkehrs. Die Erfahrung widerlegt die Behauptung, daß eine Gebührensenkung den Verkehr beleben und der Verwaltung mindestens gleiche oder gar höhere Einnahmen bringen würde. Der Umfang des deutschen Fernverkehrs ist jedenfalls durch die in den letzten Jahren wiederholt durchgeführten Gebührenermäßigungen so gut wie gar nicht beeinflußt worden. Das ist erklärlich, wenn man sich vor Augen hält, daß die Geschäftswelt die Anmeldung eines Ferngesprächs in erster Linie von dem Bedürfnis und der Wichtigkeit des Geschäfts abhängig macht. Und dieses Bedürfnis wird in Zeiten sinkender Konjunktur anders beurteilt als bei günstiger Wirtschaftslage. Die Höhe der Gebühren spielt, wenn sie sich in tragbaren Grenzen halten, bei dieser Frage nur eine untergeordnete Rolle. Ferner — und das ist der wichtigste Gegengrund — würde eine wesentliche Verkehrssteigerung eine Vermehrung der Betriebsmittel und damit eine im fast direkten Verhältnis zum Verkehrszuwachs stehende Erhöhung der Kosten bedingen, da die Intensitätsgrenze beim Fernsprechverkehr, wie ich dargelegt habe, sehr niedrig liegt. Solange die vorhandenen Leitungen noch aufnahmefähig sind, ist ein Verkehrszuwachs ein reiner Gewinn, der allerdings zunächst zur Deckung des vorhandenen Fehlbetrags dienen müßte. Ist aber die Maximal-Intensitätsgrenze erreicht, so tritt die Notwendigkeit einer Vermehrung der Betriebsmittel und damit eine Kostensteigerung ein.

Die Untersuchung hat hauptsächlich den Zweck gehabt, einen allgemeinen Überblick über die technischen und wirtschaftlichen Probleme des Weit- und Weltfernsprechverkehrs zu geben. Ich konnte bei der Überfülle des Stoffes einzelne Teilgebiete nur streifen und mußte mich darauf beschränken, die wichtigsten Punkte hervorzuheben. Die technische Entwicklung ist noch nicht abgeschlossen. Die einzelnen Linien des Weltverkehrs sind noch im Entstehen begriffen. Bei allen Erwartungen, die man in den Aufschwung des neu erschlossenen Verkehrszweiges setzen mag, muß man sich aber vor übertriebenen Hoffnungen hüten und sich der Tatsachen bewußt bleiben, die seiner Ausdehnung von vornherein gewisse natürliche Grenzen ziehen, d. s.:

1. der niedrige Interessenfaktor, bedingt durch die Verschiedenheit der Sprachen und durch den verhältnismäßig kleinen Kreis, der für das Weltfernsprechen überhaupt in Betracht kommt;

2. die erheblichen Unterschiede der Uhrzeiten, die einen geschäft-
lichen Fernsprechverkehr in manchen Verkehrsbeziehungen
zeitlich stark einengen, und

3. die Gebühren, die wegen der hohen Anlage- und Betriebskosten
nicht niedrig bemessen werden können.

Auf der anderen Seite muß aber auch die kulturelle und staats-
politische Bedeutung des Weltfernsprechens richtig gewürdigt werden.
Die Völker haben durch die Eröffnung des Weltfernsprechverkehrs ein
neues Verkehrsmittel erhalten, das mit dazu dienen kann, die gegenseitige Verständigung zur Erhaltung des Friedens und zum Wohle der
Menschheit zu fördern. Der uneingeschränkte Verdienst, diesen Fort-
schritt ermöglicht zu haben, gebührt der Technik.

Sachverzeichnis.

www.ingramcontent.com/pod-product-compliance
Lightning Source LLC
Chambersburg PA
CBHW081240190326
41458CB00016B/5856